WILD
LIANAS
IN
FUJIAN

福建野生藤本植物

陈世品　庄莉彬　陈新艳　陈国瑞　主编

U0178932

海峡出版发行集团
THE STRAITS PUBLISHING & DISTRIBUTING GROUP ｜ 福建科学技术出版社
FUJIAN SCIENCE & TECHNOLOGY PUBLISHING HOUSE

图书在版编目（CIP）数据

福建野生藤本植物 / 陈世品等主编 . — 福州：福
建科学技术出版社，2022.3
ISBN 978-7-5335-6593-0

Ⅰ . ①福… Ⅱ . ①陈… Ⅲ . ①藤属—野生植物—介绍
—福建 Ⅳ . ① Q949.71

中国版本图书馆 CIP 数据核字（2021）第 258020 号

书　　名	福建野生藤本植物
主　　编	陈世品　　庄莉彬　　陈新艳　　陈国瑞
出版发行	福建科学技术出版社
社　　址	福州市东水路 76 号（邮编 350001）
网　　址	www.fjstp.com
经　　销	福建新华发行（集团）有限责任公司
印　　刷	福州德安彩色印刷有限公司
开　　本	889 毫米 × 1194 毫米　1 / 16
印　　张	14.5
图　　文	232 码
版　　次	2022 年 3 月第 1 版
印　　次	2022 年 3 月第 1 次印刷
书　　号	ISBN 978-7-5335-6593-0
定　　价	150.00 元

书中如有印装质量问题，可直接向本社调换

《福建野生藤本植物》编委会

主　　编：陈世品　庄莉彬　陈新艳　陈国瑞

副主编：林毅喆　马　良　林汉鹏　连巧霞　黄以平

编　　委：（按拼音顺序）

陈国瑞　陈善思　陈世品　陈　帅　陈新艳　陈永滨　付厚华　韩国勇

黄以平　李庆晞　连　辉　连巧霞　林　晟　林汉鹏　林沁文　林文俊

林毅喆　柳明珠　罗开金　罗　萧　吕　祎　马　良　倪必勇　苏享修

王雪梅　魏　晖　晏琴梅　叶　菁　余玉云　张晓萍　朱艺耀　庄莉彬

前言

PREFACE

　　藤本植物在地面发芽，很难直立生长，当受到其他植物包围时，可通过缠绕、搭靠、吸附和卷曲等形式攀附于其他植物而达到更高的位置，从而获取阳光。因此藤本植物还被称为攀援植物、爬藤植物、藤蔓植物等。藤本植物包括木质藤本和草质藤本两类，它们几乎占据所有生境类型，通过特殊的习性适应环境的变化，不同的种类组成特征可以反映出微小气候的变化。藤本植物在森林生态系统中占有独特的地位，它增强了森林生态系统结构的复杂性，参与了森林群落的更新演替，通过抑制树种间的竞争保持物种多样性，使生态系统更稳定。对人类来说，藤本植物在药用、食用、观赏、生态修复等方面都具有很高的实用价值。

　　我国地跨多个气候带并拥有极富特色的经向地域，藤本植物种类丰富，多样性极高，但是我们对藤本植物的研究远比不过其他类群。福建省地处中国东南部，位于中亚热带和南亚热带，具有良好的气候条件，并且由于福建特殊的山地地形，形成复杂多变的生境条件，因而藤本植物资源十分丰富。近年来，全省开展了多项野生植物资源的调查，在《福建植物志》的基础上，发现了许多新种新记录，也对部分种类进行了分类学修订，不仅丰富了藤本植物的多样性，还使藤本植物的研究更加规范。本书共收录福建野生藤本植物 66 科 206 属 547 种（包含部分外来归化种），其中 422 种以图鉴展示，还有百余种未在野外拍摄到照片，暂附名录于书末。这部分及陆续发现的新种新记录，未来在微信公众号"福植"中展示。

福建野生藤本植物按攀援形式分为4类，其中缠绕型最多，其次是搭靠型和卷曲型，吸附型最少；区系成分上呈现明显的热带特征，温带成分占比较少；共有10种国家Ⅱ级重点保护野生植物。福建的藤本植物区系有其明显的特征，这也是该区域植物长期演化的结果，故应加强藤本植物的深度研究，构建适当的保护措施。

本书承中国科学院科技服务网络计划项目－本土植物全覆盖保护计划－华东本土植物调查、第四次全国中药资源普查、第二次全国重点保护野生植物资源调查、全国野生兰科植物资源专项调查等项目支持，及各位同仁和植物爱好者的支持与帮助，在此一并致谢！书中不免错漏，敬请指正，期望在未来的工作中进一步完善和修订。

编　者

目录

CONTENTS

石松科 1

扁枝石松 1

藤石松 1

石松 2

海金沙科 2

曲轴海金沙 2

海金沙 3

小叶海金沙 3

买麻藤科 4

买麻藤 4

小叶买麻藤 4

五味子科 5

黑老虎 5

异形南五味子 5

南五味子 6

绿叶五味子 6

二色五味子 7

翼梗五味子 7

华中五味子 8

胡椒科 8

华南胡椒 8

山蒟 9

毛蒟 9

风藤 10

假蒟 10

马兜铃科 11

马兜铃 11

蜂窠马兜铃 11

管花马兜铃 12

广西关木通 12

柔叶关木通 13

宝兴关木通 13

番荔枝科 14

假鹰爪 14

白叶瓜馥木 14

瓜馥木 15

香港瓜馥木 15

光叶紫玉盘 16

莲叶桐科 16

小花青藤 16

樟科 17

无根藤 17

天南星科 17

石柑子 17

狮子尾 18

薯蓣科 18

参薯 18

大青薯 19

黄独 19

薯茛 20

粉背薯蓣 20

山薯 21

福州薯蓣 21

日本薯蓣 22

毛芋头薯蓣 22

五叶薯蓣 23

薯蓣 23

细柄薯蓣 24

山萆薢 24

百部科 25

百部 25

大百部 25

菝葜科 26

肖菝葜 26

尖叶菝葜 26

圆锥菝葜 27

菝葜 27

柔毛菝葜 28

小果菝葜 28

托柄菝葜 29

土茯苓 29

菱叶菝葜 30

粉背菝葜 30

暗色菝葜 31

缘脉菝葜 31

白背牛尾菜 32

牛尾菜 32

三脉菝葜 33

兰科 33

深圳香荚兰 33

天门冬科 34

天门冬 34

棕榈科 34

杖藤 34

木通科 35

木通 35

三叶木通 35

白木通 36

五月瓜藤 36

大血藤 37

野木瓜 37

显脉野木瓜 38

钝药野木瓜 38

尾叶那藤 39

防己科 39

木防己 39

粉叶轮环藤 40

轮环藤 40

秤钩风 41

夜花藤 41

细圆藤 42

风龙 42

金线吊乌龟 43

江南地不容 43

千金藤 44

粪箕笃 44

粉防己 45

毛茛科 45

女萎 45

小木通 46

威灵仙 46

厚叶铁线莲 47

山木通 47

单叶铁线莲 48

锈毛铁线莲 48

丝铁线莲 49

毛柱铁线莲 49

绣球藤 50

裂叶铁线莲 50

华中铁线莲 51

柱果铁线莲 51

清风藤科 52

鄂西清风藤 52

革叶清风藤 52

灰背清风藤 53

清风藤 53

柠檬清风藤 54

尖叶清风藤 54

五桠果科 55

锡叶藤 55

葡萄科 55

三裂蛇葡萄 55

光叶蛇葡萄 56

牯岭蛇葡萄 56

葎叶蛇葡萄 57

角花乌蔹莓 57

乌蔹莓 58

白毛乌蔹莓 58

苦郎藤 59

翼茎白粉藤 59

牛果藤 60

大齿牛果藤 60

大叶牛果藤 61

异叶地锦 61

绿叶地锦 62

三叶地锦 62

地锦 63

华中拟乌蔹莓 63

三叶崖爬藤 64

无毛崖爬藤 64

扁担藤 65

蘡薁 65

东南葡萄 66

闽赣葡萄 66

刺葡萄 67

锈毛刺葡萄 67

葛藟葡萄 68

毛葡萄 68

华东葡萄 69

秋葡萄 69

小叶葡萄 70

狭叶葡萄 70

网脉葡萄 71

大果俞藤 71

■ 豆科 72

毛相思子 72

天香藤 72

两型豆 73

肉色土圞儿 73

南岭土圞儿 74

土圞儿 74

云实 75

藤槐 75

华南云实 76

乌爪簕 76

蔓草虫豆 77

香花鸡血藤 77

异果鸡血藤 78

亮叶鸡血藤 78

丰城鸡血藤 79

海刀豆 79

首冠藤 80

粉叶首冠藤 80

两粤黄檀 81

藤黄檀 81

香港黄檀 82

中南鱼藤 82

山黑豆 83

长柄野扁豆 83

圆叶野扁豆 84

野扁豆 84

榼藤 85

山豆根 85

千斤拔 86

乳豆 86

野大豆 87

烟豆 87

厚果崖豆藤 88

疏叶崖豆 88

白花油麻藤 89

油麻藤 89

南海藤 90

三裂叶野葛 90

阔裂叶龙须藤 91

龙须藤 91

老虎刺 92

葛 92

野葛 93

菱叶鹿藿 93

鹿藿 94

羽叶儿茶 94

皱荚藤儿茶 95

蔓茎葫芦茶 95

广布野豌豆 96

小巢菜 96

救荒野豌豆 97

四籽野豌豆 97

贼小豆 98

野豇豆 98

紫藤 99

绿花夏藤 99

网络夏藤 100

■ **远志科** 100

蝉翼藤 100

■ **蔷薇科** 101

银粉蔷薇 101

小果蔷薇 101

毛叶山木香 102

软条七蔷薇 102

金樱子 103

野蔷薇 103

粉团蔷薇 104

腺毛莓 104

粗叶悬钩子 105

周毛悬钩子 105

寒莓 106

尾叶悬钩子 106

掌叶覆盆子 107

小柱悬钩子 107

山莓 108

闽粤悬钩子 108

光叶闽粤悬钩子 109

福建悬钩子 109

湖南悬钩子 110

灰毛藨 110

蒲桃叶悬钩子 111

常绿悬钩子 111

高粱泡 112

白花悬钩子 112

太平莓 113

茅莓 113

梨叶悬钩子 114

锈毛莓 114

浅裂锈毛莓 115

深裂锈毛莓 115

木莓 116

东南悬钩子 116

黄脉莓 117

九仙莓 117

■ **胡颓子科** 118

蔓胡颓子 118

■ **鼠李科** 118

多花勾儿茶 118

牯岭勾儿茶 119

铁包金 119

钩刺雀梅藤 120

亮叶雀梅藤 120

刺藤子 121

雀梅藤 121

■ **大麻科** 122

葎草 122

■ **桑科** 122

葡蟠 122

薜荔 123

爱玉子 123

珍珠莲 124

爬藤榕 124

尾尖爬藤榕 125

白背爬藤榕 ……………………125
构棘 ……………………………126

葫芦科 ……………………………126

盒子草 …………………………126
金瓜 ……………………………127
绞股蓝 …………………………127
马铜铃 …………………………128
美洲马㼋儿 ……………………128
木鳖子 …………………………129
罗汉果 …………………………129
茅瓜 ……………………………130
南赤瓟 …………………………130
台湾赤瓟 ………………………131
王瓜 ……………………………131
栝楼 ……………………………132
中华栝楼 ………………………132
钮子瓜 …………………………133
马㼋儿 …………………………133

卫矛科 ……………………………134

过山枫 …………………………134
大芽南蛇藤 ……………………134
青江藤 …………………………135
圆叶南蛇藤 ……………………135
独子藤 …………………………136
窄叶南蛇藤 ……………………136
短梗南蛇藤 ……………………137
扶芳藤 …………………………137
变叶裸实 ………………………138
程香仔树 ………………………138
雷公藤 …………………………139

牛栓藤科 …………………………139

小叶红叶藤 ……………………139
红叶藤 …………………………140

金虎尾科 …………………………140

风筝果 …………………………140

西番莲科 …………………………141

鸡蛋果 …………………………141
龙珠果 …………………………141
细柱西番莲 ……………………142

大戟科 ……………………………142

杠香藤 …………………………142

使君子科 …………………………143

使君子 …………………………143

漆树科 ……………………………143

刺果毒漆藤 ……………………143

无患子科 …………………………144

倒地铃 …………………………144

芸香科 ……………………………144

飞龙掌血 ………………………144
两面针 …………………………145
花椒簕 …………………………145

锦葵科 ……………………………146

刺果藤 146

■ **山柑科** 146

独行千里 146

广州山柑 147

■ **檀香科** 147

寄生藤 147

■ **蓼科** 148

杠板归 148

刺蓼 148

糙毛蓼 149

戟叶蓼 149

何首乌 150

■ **落葵科** 150

落葵薯 150

落葵 151

■ **绣球科** 151

星毛冠盖藤 151

冠盖藤 152

钻地风 152

粉绿钻地风 153

■ **报春花科** 153

酸藤子 153

当归藤 154

白花酸藤果 154

平叶酸藤子 155

密齿酸藤子 155

■ **猕猴桃科** 156

软枣猕猴桃 156

异色猕猴桃 156

中华猕猴桃 157

毛花猕猴桃 157

黄毛猕猴桃 158

长叶猕猴桃 158

小叶猕猴桃 159

阔叶猕猴桃 159

黑蕊猕猴桃 160

葛枣猕猴桃 160

清风藤猕猴桃 161

安息香猕猴桃 161

■ **茶茱萸科** 162

定心藤 162

■ **茜草科** 162

流苏子 162

牛白藤 163

蔓虎刺 163

大果巴戟 164

巴戟天 164

鸡眼藤 165

假巴戟 165

羊角藤 166

楠藤 166

玉叶金花 167

大叶白纸扇 167

鸡矢藤 168

疏花鸡矢藤 168

狭序鸡矢藤 169

蔓九节 169

金剑草 170

东南茜草 170

毛钩藤 171

钩藤 171

龙胆科 172

福建蔓龙胆 172

双蝴蝶 172

细茎双蝴蝶 173

香港双蝴蝶 173

马钱科 174

蓬莱葛 174

牛眼马钱 174

钩吻科 175

钩吻 175

夹竹桃科 175

链珠藤 175

鳝藤 176

青龙藤 176

牛皮消 177

刺瓜 177

山白前 178

圆叶眼树莲 178

匙羹藤 179

醉魂藤 179

球兰 180

黑鳗藤 180

牛奶菜 181

蓝叶藤 181

山橙 182

大花帘子藤 182

帘子藤 183

羊角拗 183

夜来香 184

卧茎夜来香 184

亚洲络石 185

紫花络石 185

短柱络石 186

络石 186

七层楼 187

通天连 187

贵州娃儿藤 188

酸叶胶藤 188

旋花科 189

打碗花 189

旋花 189

茉栾藤 190

南方菟丝子 190

菟丝子 191

金灯藤 191

月光花 192

毛牵牛 192

五爪金龙 193

牵牛 193

厚藤 194

圆叶牵牛 194

小牵牛 195

篱栏网 195

■ **茄科** 196
中华红丝线 196
白英 196
海桐叶白英 197

■ **木樨科** 197
清香藤 197
华素馨 198
川素馨 198

■ **苦苣苔科** 199
芒毛苣苔 199

■ **爵床科** 199
翼叶山牵牛 199

■ **紫葳科** 200
凌霄 200
猫爪藤 200

■ **唇形科** 201
苦郎树 201

■ **桔梗科** 201
小花金钱豹 201
羊乳 202

■ **菊科** 202
东风草 202
微甘菊 203
千里光 203

毒根斑鸠菊 204
茄叶斑鸠菊 204

■ **忍冬科** 205
淡红忍冬 205
无毛淡红忍冬 205
锈毛忍冬 206
菰腺忍冬 206
忍冬 207
大花忍冬 207
灰毡毛忍冬 208
短柄忍冬 208
皱叶忍冬 209
细毡毛忍冬 209

■ **五加科** 210
刚毛白簕 210
白簕 210
常春藤 211

附　录
待收录福建藤本名录 212

扁枝石松

Diphasiastrum complanatum

攀援： 以茎搭靠的方式攀援。

辨识： 匍匐茎蔓生，侧生小枝扁平，茎上的叶钻形，末回分枝上的叶排成 4 列。孢子囊穗生于长 10~20 厘米的孢子枝顶端，长 1~2 厘米；孢子囊圆肾形。

分布： 见于永安、上杭等地。搭靠于乔木、灌木或其他物体上。

扁枝石松孢子囊穗

扁枝石松孢子枝

扁枝石松茎、叶

扁枝石松

藤石松

Lycopodiastrum casuarinoides

攀援： 以茎缠绕的方式攀援。

辨识： 茎木质，向上多分枝，末回小枝纤细、扁平、下垂，叶钻状披针形。孢子囊穗每 6~26 个一组，生于多回二叉分枝的孢子枝顶端，圆柱形；孢子囊近圆形。

分布： 全省习见。缠绕于乔木、灌木或其他物体上。

其他： 全草药用，能舒筋活血，治风湿关节痛。茎可编藤椅、藤床、提篮等用具。

藤石松

藤石松孢子囊穗

藤石松茎、叶

石松

Lycopodium japonicum

攀援: 以茎搭靠的方式攀援。

辨识: 茎多分枝,侧枝常二叉分枝。叶螺旋状着生,线状钻形或针形,顶端有易落的芒状长尾。孢子枝从分枝的顶端生出,孢子囊穗圆柱形,长2~5厘米。

分布: 全省习见。搭靠于乔木、灌木或其他物体上。

其他: 全草入药,有舒筋活血、祛风散寒、利尿、通经的功效;亦可提取蓝色染料。孢子含油40%左右,可做铸造工业的优良分型剂及照明工业的闪光剂。

石松攀援状

石松孢子囊穗

石松茎、叶

曲轴海金沙

Lygodium flexuosum

攀援: 以叶轴曲性生长攀援。

辨识: 长可达7米。叶三回羽状,叶轴枝端有一丛黄色柔毛,末回小羽片无关节,边缘有小锯齿,中央裂片长达9厘米,羽轴有狭翅。能育羽片与不育羽片同形。孢子囊穗长3~9毫米,小羽片顶部常不育。孢子表面有疣状物。

分布: 见于芗城。攀附于林中灌丛上。

曲轴海金沙攀援状

曲轴海金沙能育羽片、孢子囊穗

曲轴海金沙不育羽片

海金沙

Lygodium japonicum

攀援：以叶轴曲性生长攀援。

辨识：长 3~4 米。叶三回羽状，叶轴枝端有 1 个被黄色柔毛的休眠芽。末回小羽片的中裂片宽约 6 毫米。不育羽片与能育羽片明显不同形。孢子囊穗长约 3 毫米。

分布：全省习见。常附于半阴灌丛上，或绕于小树上。

其他：药用，治烫伤。

海金沙攀援状

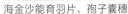

海金沙能育羽片、孢子囊穗

海金沙不育羽片

小叶海金沙

Lygodium microphyllum

攀援：以叶轴曲性生长攀援。

辨识：长可达 5 米。叶二回羽状，叶轴枝端有一丛红棕色毛，不育羽片的末回小羽片以膨大的关节着生于小羽柄上。能育羽片与不育羽片近同形。孢子囊穗长 3~5 毫米。孢子有网纹。

分布：见于南靖、永泰等地。攀附于路边灌丛或石缝中。

小叶海金沙

小叶海金沙能育羽片、孢子囊穗

小叶海金沙不育羽片

小叶海金沙攀援状

买麻藤

Gnetum montanum

攀援：以枝端生长攀靠，覆于其他树冠上。

辨识：叶可长达 20 厘米。雄球花穗的环状总苞花时外展，每轮总苞有雄花 20~40 朵。种子核果状，有明显短梗；成熟时假种皮黄褐色或红褐色，肉质，有时被银白色鳞斑。

分布：见于南靖、福清、延平等地。生于林下，攀附于树上。

其他：种子量大，可食。假种皮深红色，有较高的观赏价值，可用作垂直绿化。

买麻藤攀援状

买麻藤种子

买麻藤雄球花穗

买麻藤雌球花穗

小叶买麻藤

Gnetum parvifolium

攀援：以枝端生长攀靠，覆于其他树冠上。

辨识：叶长 10 厘米以下。雄球花穗的环状总苞花时不外展，每轮总苞有雄花 40~70 朵。种子核果状，无梗；成熟时假种皮鲜红色或红色，肉质。

分布：见于闽侯、永泰、延平等地。生于林下，攀附于树上，常垂落。

其他：种子量大，可炒食或榨油。假种皮深红色，有较高的观赏价值，可用作垂直绿化。

小叶买麻藤雄球花穗

小叶买麻藤种子

小叶买麻藤攀援状

黑老虎

Kadsura coccinea

攀援： 茎搭靠并缠绕。

辨识： 叶厚革质，全缘，网脉两面不明显。花单性，雌雄同株，单生于叶腋，红色或红黄色，雄蕊顶端具附属体。聚合果近球形，熟时红色或黑紫色，直径大于6厘米。

分布： 见于永定、永安等地。生于林缘。

其他： 果可食。花大深红色，果实奇特，具有观赏价值，可用作垂直绿化。

黑老虎攀援状

黑老虎花　　　　黑老虎果　　　　黑老虎叶背面　　　　黑老虎叶正面

异形南五味子

Kadsura heteroclita

攀援： 茎搭靠并缠绕。

辨识： 叶薄革质，全缘或具小齿，侧脉9~11对。花单性，雌雄异株，单生于叶腋，淡黄色。聚合果近球形，直径小于5厘米，熟时鲜红色；果梗粗壮，较短。

分布： 见于仙游、德化、屏南等地。攀靠于树冠上。

其他： 花似灯笼下垂，果实奇特，具有观赏价值，可用作垂直绿化。

异形南五味子

南五味子

Kadsura longipedunculata

攀援： 茎缠绕，常垂落。

辨识： 叶薄革质，边缘常有疏锯齿，侧脉 5~7 对。花单性，雌雄异株，单生于叶腋，黄色，有香气；花梗细长，花后下垂。聚合果近球形，直径通常小于 5 厘米，熟时鲜红色或深红色，果梗长可达 15 厘米。

分布： 全省习见。生于林缘或路旁。

其他： 果可食。花似灯笼下垂，果实奇特，具有观赏价值，可用作垂直绿化。

南五味子

南五味子雄花

南五味子雌花

南五味子果

绿叶五味子

Schisandra arisanensis subsp. *viridis*

攀援： 茎搭靠并缠绕。

辨识： 叶纸质，通常中部以下最宽，边缘疏生细锯齿。花黄绿色或绿色。小浆果 20~25 个，种皮具明显的皱纹或突起。

分布： 见于建阳、武夷山等地。生于林缘或灌丛中。

其他： 花似灯笼下垂，果实红色，成串下垂，具有观赏价值，可用作垂直绿化。

绿叶五味子攀援状

绿叶五味子叶背面

绿叶五味子花

绿叶五味子果

二色五味子

Schisandra bicolor

攀援：茎搭靠并缠绕。

辨识：叶近纸质，边缘下延至叶柄成狭翅，下面灰绿色。外轮花被片绿色，内轮的红色，花托伸长；雌蕊群近宽卵球形。种皮具小瘤点。

分布：见于武夷山。生于林缘。

二色五味子果

二色五味子叶正面

二色五味子叶背面

翼梗五味子

Schisandra henryi

攀援：茎搭靠并缠绕。

辨识：芽鳞大，常宿存于新枝基部。枝具棱，棱上有膜翅，被白粉。叶背亦被白粉。花单性，雌雄异株，单生于叶腋，黄绿色，雌蕊群近球形。

分布：见于泰宁、永泰、古田、建宁等地。生于疏林或路旁灌丛。

其他：果可食。花似灯笼下垂，果实红色，成串下垂，具有观赏价值，可用作垂直绿化。

翼梗五味子攀援状

翼梗五味子叶背面

翼梗五味子茎

翼梗五味子花

翼梗五味子果

华中五味子

Schisandra sphenanthera

攀援：茎搭靠并缠绕。

辨识：叶通常中部以上最宽，有疏齿，下面淡绿色。花单性，单生于叶腋，下垂，橙黄色；雌花受粉后花托逐渐伸长成穗状。种皮平滑。

分布：见于永安、沙县、延平、建瓯、建阳等地。生于林缘或路旁灌丛。

其他：果可食，入药。茎叶及种子含芳香油。花似灯笼下垂，果实红色，成串下垂，具有观赏价值，可用作垂直绿化。

华中五味子攀援状

华中五味子叶正面

华中五味子叶背面

华中五味子花　　　　华中五味子果

华南胡椒

Piper austrosinense

攀援：以气生根吸附的方式攀援。

辨识：枝节上生根。下部叶阔卵形或卵形，基部通常心形，两侧相等；上部叶卵形、狭卵形或卵状披针形，两侧常不等齐。花单性，浆果球形。

分布：见于漳州各县市区。攀援于树干或石上。

华南胡椒叶正面

华南胡椒攀援状

山蒟

Piper hancei

攀援： 以气生根吸附的方式攀援。

辨识： 茎、枝节上生根。叶卵状披针形或椭圆形。花单性，雌雄异株，聚集成与叶对生的穗状花序。浆果球形，黄色，直径 2.5~3 毫米。

分布： 全省习见。攀援于树干或石上。

其他： 茎、叶药用，治风湿、咳嗽、感冒等。

山蒟攀援状

山蒟叶正面

山蒟叶背面

山蒟雄花序

山蒟果序

毛蒟

Piper hongkongense

攀援： 以气生根吸附的方式攀援。

辨识： 茎密被短柔毛，节膨大，常生不定根。叶纸质，长卵形、卵状披针形或卵形，两侧不对称，两面均被毛，叶脉 7 条。浆果小，球形，无柄。

分布： 见于南靖、诏安、连城等地。常攀援于山坡杂木林中。

毛蒟

毛蒟叶背面

风藤

Piper kadsura

攀援: 以气生根吸附的方式攀援。

辨识: 茎有纵棱,节上常生根,幼枝疏被毛。叶近革质,卵形或卵状披针形,叶脉5~7条,从基部或近基部发出。浆果卵球形,褐黄色。

分布: 见于三明、福州、泉州等地。生于山谷林下,常攀援于树上或石头上。

风藤叶正面和雄花序　　　　风藤

假蒟

Piper sarmentosum

攀援: 以气生根吸附的方式攀援。

辨识: 茎基部匍匐,节上生根。叶近膜质,阔卵形或近圆形,上面无毛,下面脉上有短毛,叶脉7条,网脉明显。浆果球形,具4棱角,无毛,嵌生于肉质的花序轴中。

分布: 见于南靖、厦门等地。生于山谷或林下湿地。

假蒟叶正面　　　　假蒟雌花序

马兜铃

Aristolochia debilis

攀援： 以茎缠绕的方式攀援。

辨识： 茎、叶均无毛，茎具细纵棱。叶三角状长圆形或卵状披针形，上面绿色，下面略带灰白色，基生脉5~6条。花被上部暗紫色，下部带绿色，花被管直。蒴果长圆状或球形。

分布： 全省习见。生于山坡、路旁灌丛中。

其他： 以干燥成熟果实入药，清肺降气、止咳平喘、清肠消痔。花形奇特，可盆栽观赏。

马兜铃

马兜铃叶背面和花

马兜铃攀援状

马兜铃根

蜂窠马兜铃

Aristolochia foveolata

攀援： 以茎缠绕的方式攀援。

辨识： 茎柔弱，具纵棱。叶革质，戟形或卵状披针形，上面无毛，下面网脉上密被锥尖状短茸毛；基生脉 5~7 条，网脉在下面隆起，网眼清晰。花单生或 2 朵生于叶腋，花被管直。蒴果长圆形或倒卵形。

分布： 见于三元、武夷山、德化等地。多生于海拔 400~600 米的山坡、路旁、灌丛中。

其他： 花形奇特，可盆栽观赏。

蜂窠马兜铃攀援状

蜂窠马兜铃果

蜂窠马兜铃叶背面

管花马兜铃

Aristolochia tubiflora

攀援：以茎缠绕的方式攀援。

辨识：根外皮土褐色，具辛辣味。茎无毛，具细纵棱。叶三角状卵形或卵状心形，疏被短柔毛且密被小腺点；基生脉 5 条，两面隆起，下面网脉较明显。花 1~3 朵生于叶腋，花被管直，黄绿色。蒴果圆柱形。

分布：见于永泰、永安、延平等地。多生于海拔约 400 米的林下灌丛中。

管花马兜铃

管花马兜铃叶背面

管花马兜铃花

管花马兜铃攀援状和果

广西关木通

Isotrema kwangsiense

攀援：以茎缠绕的方式攀援。

辨识：有大的块根。小枝、叶柄、叶背、花、果均被污黄色粗长毛。叶革质，卵圆形。花腋生，排成短总状花序，白色，并存淡绿褐色缀纹，花被管呈"U"形弯曲。果近圆柱形，深黄色，有6棱。

分布：见于南靖。生于林缘灌丛中或路旁。

其他：花形奇特，可盆栽观赏。

广西关木通

柔叶关木通

Isotrema molle

攀援：以茎缠绕的方式攀援。

辨识：无块根。茎被微柔毛或近无毛。叶长三角状心形或长卵状心形，两面覆白色绢质长毛，下面尤密。花小，有紫色放射状条纹，花被管呈"U"形弯曲。果圆柱形，浅棕色，具6狭翅。

分布：见于诏安、泉港、仙游、晋安等地。生于山地、路旁灌木丛中。

其他：花形奇特，可盆栽观赏。

柔叶关木通

柔叶关木通叶正面

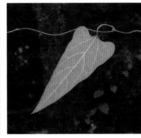

柔叶关木通叶背面

柔叶关木通果

宝兴关木通

Isotrema moupinense

攀援：以茎缠绕的方式攀援。

辨识：无块根。小枝具微柔毛。叶阔卵状心形，上面具囊状疏柔毛，下面密被黄白色短柔毛。花大，花被管呈"U"形弯曲，黄色带紫色条纹，外被微硬毛。蒴果圆柱形，具6狭翅，疏被短毛。

分布：见于政和、武夷山。生于海拔约500米的山谷、杂木林下阴湿地。

其他：花形奇特，可盆栽观赏。

宝兴关木通叶正面

宝兴关木通叶背面

假鹰爪

Desmos chinensis

假鹰爪

攀援：以茎枝搭靠的方式攀援。

辨识：枝皮有灰白色凸起的皮孔。叶薄纸质，下面粉绿色。花黄白色，单生；柱头近头状，向外弯，顶端2裂。果念珠状。

分布：见于华安、诏安等地。生于林缘灌丛中。

其他：花、果奇特，具有很高的观赏价值，已有少量应用于园林造景中。

假鹰爪花

假鹰爪果

白叶瓜馥木

Fissistigma glaucescens

攀援：以茎枝搭靠的方式攀援。

辨识：芽被锈色毛。叶近革质，下面苍白色。花数朵排成聚伞花序，密生棕色茸毛，柱头2裂。果无毛。

分布：见于南靖、平和、三元、延平等地。生于林中。

白叶瓜馥木攀援状

白叶瓜馥木叶背面

白叶瓜馥木花

白叶瓜馥木果

瓜馥木

Fissistigma oldhamii

攀援：以茎枝搭靠的方式攀援。

辨识：小枝被黄褐色柔毛。叶革质，顶端圆形或微凹。花 1~3 朵集成聚伞花序，有香气，柱头顶端 2 裂。果密被黄棕色茸毛。

分布：全省各地较常见。生于林中或灌丛中，可攀靠至近 10 米高。

瓜馥木

瓜馥木攀援状

瓜馥木叶正面

瓜馥木花

瓜馥木果

香港瓜馥木

Fissistigma uonicum

攀援：以茎枝搭靠的方式攀援。

辨识：叶纸质，顶端急尖或圆形，下面淡黄色。花黄色，有香味，1~2 朵生于叶腋，柱头顶端全缘。果被短柔毛。

分布：见于三元、南靖、诏安、漳平等地。生于林中，附于其他树木上。

其他：果可食。

香港瓜馥木攀援状

香港瓜馥木叶正面

香港瓜馥木花

香港瓜馥木果和种子

光叶紫玉盘

Uvaria boniana

攀援： 以茎枝搭靠的方式攀援。

辨识： 叶纸质，侧脉两面凸起。花紫红色，1~2
朵与叶对生或腋外生，有小苞片；柱头 2
裂呈马蹄形。果熟时紫红色，无毛。

分布： 见于诏安、南靖等地。生于林下。

其他： 花硕大鲜红，果形奇特，具有较高的观
赏价值。

光叶紫玉盘攀援状

光叶紫玉盘叶正面

光叶紫玉盘叶背面

光叶紫玉盘果

小花青藤

Illigera parviflora

攀援： 以叶柄扭曲的方式攀援。

辨识： 嫩枝被微柔毛。叶为 3 小叶，顶
生 1 片较大，侧生小叶略小、
偏斜，叶柄长 4~8 厘米。花排
成腋生的聚伞状圆锥花序。果
有翅。

分布： 见于南靖、平和、华安等地。生
于山地密林、疏林或灌丛中。

小花青藤

小花青藤叶正面

小花青藤叶背面

小花青藤花

小花青藤果

无根藤

Cassytha filiformis

攀援: 以茎缠绕的方式攀援。

辨识: 寄生植物。茎线形,绿色或绿褐色。叶退化为微小的鳞片。花小,白色。果小,卵球形。

分布: 见于沿海各地。缠绕于灌木或其他物体上。

其他: 本种是一种对寄主有害的寄生植物,但全草药用,有化湿消肿、通淋利尿之功效,治肾炎水肿、尿路结石、尿路感染、疖肿及湿疹。茎有黏液,可作造纸用糊料。

无根藤花

无根藤果

无根藤攀援状

石柑子

Pothos chinensis

攀援: 以气生根吸附的方式攀援。

辨识: 茎分节,节生气生根,节间 1~4 厘米。叶片纸质,椭圆形、披针状卵形至披针状长圆形;叶柄倒卵状长圆形或楔形,大小约为叶片的 1/6。肉穗花序椭圆形至近圆球形。浆果黄绿色至红色。

分布: 见于漳浦、上杭。攀附于林下岩石上。

其他: 特色民族药,茎叶或全株药用。

石柑子果

石柑子

樟科 Lauraceae

天南星科 Araceae

狮子尾

Rhaphidophora hongkongensis

攀援：以气生根吸附的方式攀援。

辨识：具气生根。幼株茎纤细、肉质、绿色，匍匐面扁平，背面圆形。叶镰状椭圆形，长圆状披针形或倒披针形。花序顶生和腋生，佛焰苞绿色至淡黄色、卵形。浆果黄绿色。

分布：见于芗城、新罗等地。吸附于树干或石壁上。

其他：栽培供观赏。

狮子尾攀援状

狮子尾叶正面

狮子尾气生根和叶背面

参薯

Dioscorea alata

攀援：以茎缠绕的方式攀援。

辨识：块茎形状变异较大。茎右旋，通常具4条狭翅。单叶互生，茎中部以上的叶对生，卵形、三角状卵形，叶腋内常生有大小不等的珠芽。

分布：见于厦门、南靖、新罗、三元等地。缠绕于乔木、灌木或其他物体上。

其他：民间常有栽培，块茎作蔬菜食用。药用有补脾肺、涩精气、消肿、止痛的功效，部分地区当"怀山药"用。

参薯攀援状

参薯珠芽

参薯叶正面

参薯茎

大青薯

Dioscorea benthamii

攀援： 以茎缠绕的方式攀援。

辨识： 茎较细弱，右旋。单叶对生，叶片卵状披针形、长圆形或倒卵状长圆形，下面粉绿色，基出脉 3~5（7）条。蒴果不反折，三棱状扁圆形。

分布： 见于德化、永泰等地。缠绕于乔木、灌木或其他物体上。

大青薯

大青薯叶背面

黄独

Dioscorea bulbifera

攀援： 以茎缠绕的方式攀援。

辨识： 块茎球形或梨形，表面棕黑色。茎左旋，无毛。单叶互生，叶大，宽心形或心状卵形，叶腋内生有大小不等的球形或卵圆形的珠芽。

分布： 全省习见。缠绕于乔木、灌木或其他物体上。

其他： 块茎供药用，称"黄药子"，有解毒消肿、化痰散结、凉血止血的功效，用于治疗甲状腺功能亢进、甲状腺肿大、咳嗽气喘、咯血、吐血、瘰疬、疮疡肿毒、毒蛇咬伤等，民间用于癌症。

黄独

黄独攀援状、叶背和珠芽　　黄独花　　　　　黄独果

薯莨

Dioscorea cirrhosa

攀援： 以茎缠绕的方式攀援。

辨识： 块茎粗大，形状不一，断面新鲜时红色，干后紫黑色，直径大的甚至在 20 厘米以上。茎右旋，基部具弯刺。叶在茎下部互生，中部以上对生，长椭圆状卵形、卵圆形或卵状披针形至狭披针形。

分布： 全省习见。缠绕于乔木、灌木或其他物体上。

其他： 块茎富含单宁，可提制栲胶，也可酿酒，又供药用，有止血、活血、养血的功效，用于治疗崩漏、产后出血、咯血、尿血、上消化道出血、贫血等；薯莨片又称红孩儿片，有止血的作用。

薯莨攀援状

薯莨块茎

薯莨叶背面

薯莨果

薯莨花序

粉背薯蓣

Dioscorea collettii var. *hypoglauca*

攀援： 以茎缠绕的方式攀援。

辨识： 根状茎横生，竹节状，断面黄色。茎左旋。单叶互生，叶片三角形或卵圆形，下面灰白色，通常有白粉，沿叶脉及叶缘被黄白色刺毛。蒴果三棱形。

分布： 见于诏安、晋安、泰宁、武夷山等地。缠绕于乔木、灌木或其他物体上。

粉背薯蓣攀援状

其他： 根状茎含薯蓣皂苷元等，药用有祛风利湿的功效，可治尿路感染、小便混浊、乳糜尿、白带异常、风湿寒性关节痛、腰膝酸痛等症。

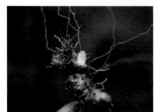

粉背薯蓣根状茎

粉背薯蓣叶背面

粉背薯蓣花

粉背薯蓣果

山薯

Dioscorea fordii

攀援： 以茎缠绕的方式攀援。

辨识： 块茎长圆柱形，垂直生长。茎右旋，基部有刺。单叶互生，茎中部以上的叶对生。蒴果不反折，三棱状扁圆形。

分布： 见于同安、南靖等地。缠绕于乔木、灌木或其他物体上。

山薯

山薯叶正面

山薯叶背面

福州薯蓣

Dioscorea futschauensis

攀援： 以茎缠绕的方式攀援。

辨识： 根状茎横生，不规则长圆柱形，质硬而细，干后粉质。茎左旋。单叶互生，茎基部叶为掌状 7 裂，裂片大小不等，基部深心形。蒴果三棱形。

分布： 见于诏安、厦门、晋安等地。缠绕于乔木、灌木或其他物体上。

其他： 根状茎含微量薯蓣皂苷元和大量的淀粉，药用有祛风利湿的功效，可治尿路感染、小便混浊、乳糜尿、白带异常、风湿寒性关节痛、腰膝酸痛等症；民间当"萆薢"入药，作利尿剂。

福州薯蓣

福州薯蓣叶背面

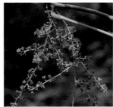

福州薯蓣花序

福州薯蓣果

日本薯蓣

Dioscorea japonica

攀援：以茎缠绕的方式攀援。

辨识：块茎长圆柱形。茎右旋。单叶互生，中部以上的叶对生，叶片三角状披针形，长椭圆状狭三角形，叶腋内生有各种形状和大小不等的珠芽。

分布：全省习见。缠绕于乔木、灌木或其他物体上。

其他：块茎供食用，也可入药，为滋养强壮药，外敷治肿毒、火伤症。

日本薯蓣

日本薯蓣珠芽

日本薯蓣雌花序

日本薯蓣雄花序和攀援状

日本薯蓣叶背面和果

毛芋头薯蓣

Dioscorea kamoonensis

攀援：以茎缠绕的方式攀援。

辨识：块茎卵圆形或近圆形。茎左旋，密被棕褐色短柔毛。叶互生，掌状复叶，小叶 3~5 片。蒴果三棱状长圆形。

分布：见于上杭、寿宁等地。缠绕于乔木、灌木或其他物体上。

其他：块茎含 17 种以上的氨基酸，药用有止痛补虚、舒筋壮骨的功效。

毛芋头薯蓣珠芽

毛芋头薯蓣

五叶薯蓣

Dioscorea pentaphylla

攀援： 以茎缠绕的方式攀援。

辨识： 具块茎，形状不规则。茎左旋，具散生的皮刺。叶互生，掌状复叶，小叶 3~7 片，叶腋内生有珠芽。蒴果反折下垂，三棱状长圆形。

分布： 见于南靖、永安、永泰、连城等地。缠绕于乔木、灌木或其他物体上。

其他： 块茎含 17 种以上的氨基酸，药用有补肾壮阳的功效。

五叶薯蓣攀援状和叶正面

五叶薯蓣叶背面

五叶薯蓣茎和皮刺

薯蓣

Dioscorea polystachya

攀援： 以茎缠绕的方式攀援。

辨识： 块茎长圆柱形，垂直生长。茎通常带紫红色，右旋。单叶，在茎下部的互生，中部以上的对生，叶腋内常有珠芽。蒴果不反折，三棱状扁圆形或三棱状圆形。

分布： 全省习见。生于山坡、山谷林下，溪边、路旁的灌丛中或杂草中。

其他： 块茎为常用中药"怀山药"，有强壮、祛痰的功效；又能食用。

薯蓣叶背面

薯蓣果

薯蓣攀援状

细柄薯蓣

Dioscorea tenuipes

攀援： 以茎缠绕的方式攀援。

辨识： 根状茎横生、细长、圆柱形，有明显的节和节间。茎左旋。单叶互生，叶片三角形或三角状心形；叶柄细，长2~7厘米。果三棱形，干膜质。

分布： 见于长汀、三元、光泽等地。缠绕于乔木、灌木或其他物体上。

其他： 根状茎含多种甾体皂苷元，药用有祛风湿、止痛、舒筋活血、止咳平喘祛痰的功效，用于治疗风湿性关节炎、慢性支气管炎、咳嗽气喘等。

细柄薯蓣攀援状

细柄薯蓣果

山萆薢

Dioscorea tokoro

攀援： 以茎缠绕的方式攀援。

辨识： 根状茎横生，近圆柱形，有不规则分枝。单叶互生，茎下部的叶大。蒴果三棱状倒卵形，长大于宽，顶端微凹，基部狭圆形，成熟时果梗下垂。

分布： 见于松溪、政和、武夷山等地。缠绕于乔木、灌木或其他物体上。

其他： 根状茎含多种甾体皂苷元，是合成甾体激素药物的原料；药用有祛风、利湿的功效；民间用根状茎煎水服，有舒筋活血的功能，主治骨痛。根状茎捣碎投入水中可毒鱼。

山萆薢

山萆薢叶背面

山萆薢果

百部

Stemona japonica

攀援：以茎缠绕的方式攀援。

辨识：块根肉质，纺锤状，数个至数十个簇生。茎具纵纹。叶大，2~4（5）枚轮生，卵形或卵状披针形。花淡绿色。蒴果广卵形而扁。

分布：见于长汀、宁化等地。缠绕于乔木、灌木或其他物体上。

其他：其干燥块根为中药，能温润肺气、止咳、杀虫，治风寒咳嗽、百日咳、肺结核、老年咳喘、蛔虫病、蛲虫病、皮肤疥癣、湿疹等症。花冠美丽，可开发观赏。

百部叶正面

百部果

百部块根

大百部

Stemona tuberosa

攀援：以茎缠绕的方式攀援。

辨识：块根肉质，纺锤形或圆柱形，成束。下部茎木质化。叶对生或轮生，卵状披针形。花黄绿色。蒴果倒卵形。

分布：全省习见。缠绕于乔木、灌木或其他物体上。

其他：块根药用，功效同百部。花冠美丽，可开发观赏。

大百部

大百部叶背面

大百部花

大百部果

肖菝葜

Heterosmilax japonica

攀援： 以卷须卷曲的方式攀援。

辨识： 小枝有钝棱。叶纸质，卵形、卵状披针形或近心形，叶柄下部 1/4~1/3 处有卷须和狭鞘。伞形花序有花 20~50 朵；雄花雄蕊 3 枚，花丝约一半合生成柱；雌花具 3 枚退化雄蕊，子房卵形，柱头 3 裂。果球形而稍扁，成熟时黑色。

分布： 见于南靖、建阳、武夷山等地。缠绕于乔木、灌木或其他物体上。

其他： 根茎供药用，有清热解毒、利湿之效。

肖菝葜攀援状

肖菝葜花序

肖菝葜果序、叶背面和卷须

尖叶菝葜

Smilax arisanensis

攀援： 以卷须卷曲的方式攀援。

辨识： 具粗短的根状茎，地上茎无刺或具疏刺。叶顶端渐尖或长渐尖，叶柄一半有狭鞘，脱落点位于近顶端，一般有卷须。果球形，成熟时紫黑色。

分布： 见于上杭等地。缠绕于乔木、灌木或其他物体上。

尖叶菝葜

尖叶菝葜叶背面

尖叶菝葜花序

尖叶菝葜果序

圆锥菝葜

Smilax bracteata

攀援： 以卷须卷曲的方式攀援。

辨识： 枝条疏生刺或无刺。叶柄长近基部 1/3 处有狭鞘，一般有卷须，脱落点位于上部。圆锥花序常具 3~7 个伞形花序。果球形，熟时紫色。

分布： 全省习见。缠绕于乔木、灌木或其他物体上。

圆锥菝葜

圆锥菝葜攀援状

圆锥菝葜花序

圆锥菝葜果序

菝葜

Smilax china

攀援： 以卷须卷曲的方式攀援。

辨识： 具粗厚、坚硬的根状茎，地上茎与枝条疏生刺。叶薄革质或坚纸质，叶柄长 5~15 毫米，近半有狭翅，脱落点位于中部以上，具卷须。果成熟时红色。

分布： 全省习见。缠绕于乔木、灌木或其他物体上。

其他： 果熟红时，味甘酸可食。根状茎可提取淀粉和栲胶，也供药用，有祛风活血的作用。

菝葜叶正面与果序

菝葜宿存叶柄

菝葜雌花序

菝葜雄花序

柔毛菝葜

Smilax chingii

攀援：以卷须卷曲的方式或枝茎缠绕的方式攀援。

辨识：枝条有浅的纵棱沟，常疏生刺。叶下面苍白色，叶柄的一半具鞘，有时有卷须，脱落点位于叶柄近中部。果球形，成熟时红色。

分布：见于上杭、连城、长汀等地。缠绕于乔木、灌木或其他物体上。

柔毛菝葜

柔毛菝葜叶背面与卷须

柔毛菝葜果序

小果菝葜

Smilax davidiana

攀援：以卷须卷曲的方式攀援。

辨识：根状茎粗壮而短，地上茎疏生刺。叶通常椭圆形，下面淡绿色；叶柄宽，其下端 1/2~2/3 具鞘，鞘耳状，有细卷须，叶脱落点位于近卷须的上方。果成熟时暗红色。

分布：见于上杭、连城、泰宁等地。缠绕于乔木、灌木或其他物体上。

小果菝葜攀援状

小果菝葜鞘和卷须

小果菝葜花序和叶背面

小果菝葜果序和叶正面

托柄菝葜

Smilax discotis

攀援：以卷须卷曲的方式或茎搭靠的方式攀援。

辨识：茎具弯钩刺或无刺。叶下面苍白色，脱落点位于叶柄近顶端处，有时有卷须，鞘成大型托叶，接连叶片，多少呈贝壳状。花绿黄色。果球形，成熟时黑色。

分布：见于建阳、光泽、武夷山等地。缠绕于乔木、灌木或其他物体上。

其他：根状茎有清热、利湿、补虚益损等药用功效。

托柄菝葜

托柄菝葜叶正面和翅状鞘

托柄菝葜花序和叶背面

土茯苓

Smilax glabra

攀援：以卷须卷曲的方式攀援。

辨识：根状茎粗厚、块状，地上茎无刺。叶狭椭圆状披针形至狭卵状披针形，叶柄的 1/4~3/5 具狭鞘，脱落点位于近顶端，常有纤细卷须 2 条。果成熟时紫黑色，外被粉霜。

分布：全省习见。缠绕于乔木、灌木或其他物体上。

其他：根状茎粗厚，入药称"土茯苓"，性甘平；利湿热，健脾胃；主治恶疮。也可提取淀粉酿酒用。民间多以"萆薢"充之，或有以"商陆根"充之。

土茯苓花序

土茯苓叶背面

土茯苓叶正面和果序

菱叶菝葜

Smilax hayatae

攀援: 以茎搭靠的方式攀援。

辨识: 茎无刺。叶革质,卵状菱形,下面苍白色,叶脱落点位于叶柄顶端,无卷须;叶鞘向前延伸,在两侧边缘成1对离生的披针形或三角状披针形耳。果成熟时红色。

分布: 见于上杭等地。缠绕于乔木、灌木或其他物体上。

菱叶菝葜

菱叶菝葜攀援状

菱叶菝葜叶背面

菱叶菝葜花序和鞘

粉背菝葜

Smilax hypoglauca

攀援: 以卷须卷曲的方式攀援。

辨识: 茎无刺。叶下面灰白色,鞘占叶柄全长的一半,向前延伸成近披针形,叶柄顶端有卷须,叶脱落点位于叶柄近顶端。花绿黄色,10多朵组成腋生伞形花序,总花梗很短,不及叶柄长度的一半。果初绿色,熟时紫黑色,被白粉。

分布: 见于南靖、芗城、新罗等地。缠绕于乔木、灌木或其他物体上。

其他: 根茎药用,有消炎解毒、祛风湿之效。

粉背菝葜

粉背菝葜叶背面和果序

粉背菝葜花序

暗色菝葜

Smilax lanceifolia

攀援： 以卷须卷曲的方式攀援。

辨识： 茎无刺。叶有掌状脉5条，在下面凸起；叶柄具狭翅，脱落点位于近中部，一般有卷须。花黄绿色。果球形，成熟时黑色。

分布： 见于芗城、新罗、武夷山等地。缠绕于乔木、灌木或其他物体上。

其他： 根状茎药用，有解毒、除湿、强关节之效。

暗色菝葜攀援状

暗色菝葜花序

暗色菝葜果序

缘脉菝葜

Smilax nervomarginata

攀援： 以卷须卷曲的方式攀援。

辨识： 茎无刺。叶革质，长卵形至披针形，主脉5~7条，最外侧的2条脉几与叶缘结合；叶鞘长小于叶柄的1/3，有卷须。伞形花序具几朵至10余朵花；雄花紫褐色，通常有雄蕊9枚。浆果7~10毫米，成熟近黑色。

分布： 见于南平、三明等地。生于海拔1000米以下的林中、灌丛下或路旁。

缘脉菝葜

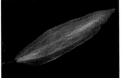

缘脉菝葜叶背面

缘脉菝葜花

缘脉菝葜果

白背牛尾菜

Smilax nipponica

攀援： 以卷须卷曲的方式攀援。

辨识： 具根状茎，地上茎中空。叶卵形至矩圆形，基部浅心形至近圆形，下面苍白色，叶柄基部具一对卷须。花单性。果实为浆果，成熟时黑色。

分布： 见于沙县等地。缠绕于乔木、灌木或其他物体上。

其他： 根状茎药用，有舒筋活血之效。

白背牛尾菜雄花序和叶正面

白背牛尾菜叶背面

白背牛尾菜雌花序

白背牛尾菜果序

牛尾菜

Smilax riparia

攀援： 以卷须卷曲的方式攀援。

辨识： 具根状茎，地上茎中空且无刺。叶质地薄，长圆状卵形至矩圆状披针形，下面绿色，近基部处有卷须。花单性，绿色。浆果圆球形，成熟时黑色。

分布： 见于沙县、泰宁、武夷山等地。缠绕于乔木、灌木或其他物体上。

其他： 可作野菜食用，营养价值很高。根及根状茎药用，有止咳祛痰的作用；根状茎含淀粉，为酿酒原料。

牛尾菜攀援状

牛尾菜雄花序

牛尾菜果序

三脉菝葜

Smilax trinervula

攀援： 以卷须卷曲的方式攀援。

辨识： 落叶。枝条常具纵棱或条纹，近无刺或疏生刺。叶顶端微凸，下面苍白色；鞘占叶柄全长的一半，常具细卷须。果成熟时红色。

分布： 见于周宁、连城等地。缠绕于乔木、灌木或其他物体上。

三脉菝葜

三脉菝葜果序和叶背面

深圳香荚兰

Vanilla shenzhenica

攀援： 以气生根吸附的方式攀援。

辨识： 茎分节，节间 5~9 厘米，具分枝，每节 1 叶。叶散生，肉质，椭圆形。花序总状自叶腋处生，5~6 厘米，盛花期完全开放。花淡黄绿色，具清香；唇瓣不裂，紫红色，具 1 枚由倒生的白色流苏组成的簇状细角附属物，近基部约 1/2 长度与蕊柱合生。

分布： 见于南靖。零星分布于山谷两侧的山坡上。

其他： 国家 II 级重点保护野生植物。

深圳香荚兰攀援状

深圳香荚兰气生根

深圳香荚兰花

兰科 Orchidaceae

天门冬

Asparagus cochinchinensis

天门冬

攀援： 以茎缠绕的方式攀援。

辨识： 根在中部或近末端纺锤状膨大。茎弯曲或扭曲，分枝具棱或狭翅；叶状枝常 3 枚成簇，扁平或稍呈三棱形，镰刀状。叶退化成鳞片状，基部延伸成硬刺。花通常 2 朵腋生，淡绿色。果球形，成熟时红色。

分布： 全省习见。缠绕于乔木、灌木或其他物体上。

其他： 块根可药用亦可煮食，有滋阴润燥、清火止咳之效，民间用之拔疔毒。其所含主要成分为天门冬素。

天门冬叶状枝和花　　　天门冬块根　　　天门冬果

杖藤

Calamus rhabdocladus

杖藤

攀援： 以茎搭靠的方式攀援。

辨识： 茎长达 30~80 米。叶羽状全裂，边缘及脉上被稀疏、褐色针状刺毛，茎生叶和上部叶的叶鞘具黑褐色、稠密的狭长扁刺和长而具爪状刺的纤鞭。肉穗花序纤鞭状，长达 7 米。果椭圆形或卵形，鳞片灰绿黄色，顶端暗褐色，边缘棕色。

分布： 见于南靖、新罗、永定等地。搭靠于乔木、灌木上。

其他： 藤质较坚硬，可作支架用。

杖藤雄花序　　　杖藤雌花序　　　杖藤果序

木通

Akebia quinata

攀援： 以茎缠绕的方式攀援。

辨识： 掌状复叶，互生；小叶 5 片，上面深绿色，下面粉绿白色。幼枝带紫色，老枝密生皮孔。总状花序下垂，雌雄同株同序，花深紫色。浆果椭圆形，初时绿白色，熟后深紫色。

分布： 见于永春、仙游、晋安等地。多生于向阳地或林缘灌丛中。

其他： 果可食。茎和果实药用，有通经活络、清热利尿之效。种子榨油，食用或工业用。花量大而美丽，果形奇特，可开发观赏。

木通攀援状

木通果

木通种子

三叶木通

Akebia trifoliata

攀援： 以茎缠绕的方式攀援。

辨识： 三出复叶，小叶3片，近革质，上面深绿色，下面淡绿色。花序总状，雌花1~3朵生于下部，萼片暗紫色；雄花雄蕊6枚，退化心皮3枚，萼片3枚淡紫色。浆果熟时灰白色，稍带淡紫。

分布： 见于连城、延平、建阳等地；多生于山坡林下或灌丛中。

其他： 果可食。茎和果实入药。花量大而美丽，果形奇特，可开发观赏。

三叶木通攀援状和果

三叶木通叶背面

三叶木通叶正面

三叶木通花序

白木通

Akebia trifoliata subsp. *australis*

攀援：以茎缠绕的方式攀援。

辨识：小叶 3 片，厚革质，卵形至卵状长圆形，全缘。总状花序腋生；雄花雄蕊 6 枚，萼片紫色；雌花常较大，萼片暗紫色，心皮紫色 5~7 枚。果长圆形，熟时黄褐色。

分布：见于延平、建阳、武夷山等地。多生于山野灌丛、溪边、沟谷的疏林中。

其他：果可食。茎和果实入药。花量大而美丽，果形奇特，可开发观赏。

白木通攀援状

白木通花序

白木通果

白木通种子

五月瓜藤

Holboellia angustifolia

攀援：以茎缠绕的方式攀援。

辨识：枝红褐色，被白粉。掌状复叶，小叶 5~9 片，下面灰白色，侧生小叶柄有关节。雌雄同株、异花；雄花绿白色，萼片 6 枚，退化雌蕊 3 枚；雌花与雄花相似，紫色，离生心皮 3 枚。浆果长圆状柱形，熟时紫黑色。

分布：见于武夷山、建阳、延平等地。生于林中或林缘灌丛中。

其他：果可食。花量大而美丽，果形奇特，可开发观赏。

五叶瓜藤

大血藤

Sargentodoxa cuneata

攀援：以茎缠绕的方式攀援。

辨识：三出复叶，小叶 3 片，形状不相等。小枝红褐色有条纹，折断后有红色液汁。雌雄同株，异花；总状花序腋生、下垂，花黄绿色；雄花与雌花同序或异序，同序时，雄花生于基部。果由多数小浆果组成，小浆果肉质。

分布：全省习见。多生于山谷疏林中或林缘溪旁灌丛中。

其他：花量大而美丽，果形奇特，可开发观赏。

大血藤

大血藤攀援状和花序　　大血藤藤茎

野木瓜

Stauntonia chinensis

攀援：以茎缠绕的方式攀援。

辨识：掌状复叶，小叶 5~7 片，顶端尾状渐尖，尖顶具易断的丝状尖头，侧脉和网脉常明显可见。花单性，雌雄同株，3~4 朵组成伞房式总状花序；雄花雄蕊 6 枚，药隔具角状或凸头状附属体；雌花心皮 3 枚。浆果熟时橙黄色。

分布：全省各地较常见。多生于溪边沟谷林缘或灌丛中。

其他：果可食，民间市场偶见。藤茎药用，治风湿寒性关节痛。花量大而美丽，果形奇特，可开发观赏。

野木瓜攀援状和花序

野木瓜种子　　　　　野木瓜果

显脉野木瓜

Stauntonia conspicua

攀援： 以茎缠绕的方式攀援。

辨识： 掌状复叶 3 小叶，偶有 4~5 片；小叶厚革质，上面绿色，下面粉白绿色；基部具三出脉，侧脉和网脉在叶背清晰可见。伞房式总状花序与幼枝同自叶腋抽出；雄花紫红色，雄蕊花丝合生达顶部。果椭圆状，熟时黄色。

分布： 见于寿宁、德化、政和等地。多生于山坡密林或林缘灌丛中。

其他： 果可食。花量大而美丽，果形奇特，可开发观赏。

显脉野木瓜攀援状

显脉野木瓜叶正面

显脉野木瓜叶背面

显脉野木瓜雄花序

钝药野木瓜

Stauntonia leucantha

攀援： 以茎缠绕的方式攀援。

辨识： 茎灰褐色，具纵条纹。掌状复叶，小叶 3~7 片，长圆状，顶端尖或锐尖，有小尖头，侧脉和网脉常不甚明显。雄蕊药隔顶端钝头，完全不凸出，无附属体。

分布： 全省习见。多生于海拔 500~1500 米的山谷林缘或路旁灌丛中。

其他： 果可食。花量大而美丽，果形奇特，可开发观赏。

钝药野木瓜

钝药野木瓜花和叶背面

钝药野木瓜攀援状

尾叶那藤

Stauntonia obovatifoliola subsp. *urophylla*

攀援： 以茎缠绕的方式攀援。

辨识： 掌状复叶，小叶 3~7 片，顶端长尾尖，尖顶具短的易断的丝状尖头，侧脉和网脉在上面明显凹下。雄花花丝合生为管状，药室顶端具长约 1 毫米的锥尖附属体。果卵圆形，熟时橙黄色。

分布： 全省习见。多生于山坡路旁或沟谷林缘灌丛中。

其他： 果可食，民间市场偶见。花量大而美丽，果形奇特，可开发观赏。

尾叶那藤花序

尾叶那藤果

尾叶那藤攀援状

木防己

Cocculus orbiculatus

攀援： 以茎缠绕的方式攀援。

辨识： 嫩枝密被柔毛，有条纹。叶纸质，两面均有柔毛，老时上面毛渐稀疏或近无毛，基出脉 3 条。聚伞状圆锥花序生于叶腋；雄花淡黄色，萼片、花瓣、雄蕊均 6 枚；雌花心皮 6 枚，退化雄蕊 6 枚。核果近球形，蓝黑色，有白粉，无毛。

分布： 全省习见。多生于山坡、路旁、疏林中、岩石边及村旁灌丛中。

木防己

木防己雄花

木防己雌花

木防己果序

粉叶轮环藤

Cyclea hypoglauca

攀援：以茎缠绕的方式攀援。

辨识：茎草质，具条纹，无毛。叶片盾状着生，纸质或膜质，阔三角状卵形或卵形；两面无毛，下面常为粉绿色或浅灰色，掌状脉 5~9 条。雌雄异株，花序腋生。核果球形，无毛，有疣状突起。

分布：见于厦门、南靖、长泰等地。多生于疏林或灌丛中。

粉叶轮环藤花序

粉叶轮环藤果序

粉叶轮环藤攀援状

轮环藤

Cyclea racemosa

攀援：以茎缠绕的方式攀援。

辨识：幼枝绿色，稍有纵沟。叶盾状着生，膜质，卵形或阔三角状卵形；上面深绿色，有时被疏柔毛；下面淡绿色或淡绿白色，沿叶脉有疏柔毛；掌状脉5~7条。花序与粉叶轮环藤类同。核果扁圆形，具长硬毛。

分布：见于三元、长泰等地。多生于山谷林中或溪边。

轮环藤

轮环藤花序

轮环藤果序

秤钩风

Diploclisia affinis

攀援：以茎缠绕的方式攀援。

辨识：幼枝无毛，具细条纹。叶纸质或近革质，三角状阔卵形至三角状圆形，下面粉绿色，基出脉5条。雌雄异株，聚伞花序生叶腋；雄花萼片、花瓣、雄蕊均6枚，萼片淡黄色；雌花心皮3枚，具退化雄蕊6枚。核果较小，稍被白粉。

分布：见于永安、光泽等地。多生于林缘灌丛中或山坡路边。

秤钩风叶背面

秤钩风雄花序

秤钩风结果状

夜花藤

Hypserpa nitida

攀援：以茎缠绕的方式攀援。

辨识：嫩枝有柔毛；老枝无毛，灰褐色，有多数细条纹。叶近革质，稍有光泽，卵状椭圆形、椭圆形，基出脉3条。聚伞花序腋生，雌雄花序类同。核果近球形，熟时变黄色。

分布：见于晋安、华安、永安等地。多生于沟谷林中或林缘。

其他：根含多种生物碱，民间入药，有凉血、止痛、消炎、利尿等功效。

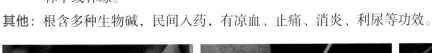

夜花藤

夜花藤攀援状和叶背面

夜花藤花序

夜花藤果序

细圆藤

Pericampylus glaucus

攀援：以茎缠绕的方式攀援。

辨识：长10余米或更长。嫩枝有黄色柔毛；老枝无毛，紫褐色，具条纹。叶三角状卵形至三角状近圆形，顶端有小尖头或钝；初时两面有茸毛，后变无毛。聚伞状圆锥花序腋生。核果球形，两侧压扁，成熟时红色。

分布：全省习见。生于密林下或路旁灌丛中。

细圆藤

细圆藤花序

细圆藤果序

风龙

Sinomenium acutum

攀援：以茎缠绕的方式攀援。

辨识：枝木质化，无毛或具微毛，有细纵条纹。叶厚纸质或革质，阔卵形或长卵形，上面深绿色，下面粉白色或粉绿色，密生短柔毛。圆锥花序腋生，雄花有雄蕊9~12枚，雌花退化雄蕊丝状。核果扁球形，红色至暗紫色。

分布：见于长泰、连城、光泽等地。多生于山坡、林缘、路旁或沟边。

风龙叶正面和花序

风龙攀援状

金线吊乌龟

Stephania cephalantha

攀援： 以茎缠绕的方式攀援。

辨识： 块根圆锥状。老枝下部木质化，有细沟纹。叶盾状着生，纸质，三角状近圆形，有小突尖；两面无毛，下面粉白色，掌状脉 5~11 条。雌雄异株，头状花序腋生，具盘状花托。核果球形，成熟时紫红色。

分布： 全省较常见。多生于阴湿山坡、路旁等处。

其他： 块根药用，可祛风清热、散瘀止痛；外敷治毒蛇咬伤和无名肿毒。

金线吊乌龟

金线吊乌龟叶背面

金线吊乌龟花序

金线吊乌龟果

江南地不容

Stephania excentrica

攀援： 以茎缠绕的方式攀援。

辨识： 块根短棒状、纺锤状或条状。茎有时部分棕红色，具纵条纹。叶盾状着生，三角形或三角状近圆形至卵圆形，有小突尖；两面无毛，下面淡灰白色，掌状脉 7~9 条；叶柄长，可达 14 厘米。复伞形聚伞花序。核果球形，熟时红色。

分布： 见于建阳、武夷山、光泽等地。多生于山坡草丛间、沟边、岩石边等阴湿地带，也见于山坡灌丛中。

江南地不容

江南地不容花序

江南地不容果序

千金藤

Stephania japonica

攀援：以茎缠绕的方式攀援。

辨识：块根粗壮，圆柱形。小枝具细纵条纹。叶盾状着生，长宽近相等；下面通常粉白色，两面无毛；掌状脉 7~9 条。花序伞状至聚伞状，腋生。核果近球形，成熟时红色。

分布：见于长泰、福清、莆田等地。缠绕于山坡、溪旁或路边。

其他：根含多种生物碱，为民间常用草药，味苦性寒，有祛风活络、利尿消肿等功效。

千金藤果序　　　　　　　　千金藤攀援状

粪箕笃

Stephania longa

攀援：以茎缠绕的方式攀援。

辨识：茎草质，具条纹。叶盾状着生，纸质或膜质，三角状卵形，顶端钝或有小突尖；下面灰绿色，掌状脉 9~11 条。复伞形聚伞花序腋生。核果熟时红色。

分布：全省习见。多生于村边或山地灌丛中。

粪箕笃攀援状和果序

粪箕笃叶背面

粪箕笃花序

粉防己

Stephania tetrandra

攀援： 以茎缠绕的方式攀援。

辨识： 块根肉质，圆柱状。叶盾状着生，阔三角状
卵形，有小突尖；两面或仅下面被贴伏短柔
毛，下面灰绿色或粉白色，掌状脉9~10条。
花序头状，于腋生、长而下垂的枝条上作总
状排列；花瓣5枚。核果球形，成熟时红色。

分布： 见于长泰、永定、惠安等地。多生于山坡、
丘陵地草丛及林边灌丛中。

粉防己花序　　　　　粉防己攀援状

女萎

Clematis apiifolia

攀援： 以茎缠绕的方式攀援。

辨识： 三出复叶，小叶纸质，上部常
3浅裂，边缘有粗锯齿，两面
疏生贴伏的短柔毛，基生3出
脉。圆锥状聚伞花序，萼片白
色或淡黄色。瘦果纺锤形或狭
卵形，宿存花柱长约1.5厘米。

分布： 见于泰宁、建阳、武夷山等地。
生于路旁灌丛中。

其他： 小花白色，量大，可用于垂直
绿化或盆栽观赏。根、茎藤或
全株入药。

女萎

小木通

Clematis armandii

攀援： 以茎缠绕的方式攀援。

辨识： 三出复叶，小叶全缘，两面网脉明显；叶柄基部膨大。圆锥状聚伞花序长于叶或与叶等长，基部宿存芽鳞长达3厘米；萼片白色带淡红色。瘦果扁，疏生柔毛，宿存花柱可达5厘米，有白色长柔毛。

分布： 见于宁化、延平等地。生于林缘或灌丛中。

其他： 民间用本种茎作木通入药。全株可制农药。

小木通叶背面

小木通果序

小木通

威灵仙

Clematis chinensis

攀援： 以茎和叶柄缠绕的方式攀援。

辨识： 茎、小枝近无毛或疏生短柔毛。一至二回羽状复叶，小叶常5片，或见基部1~2对叶2~3裂而成2~3片小叶，小叶全缘。圆锥状聚伞花序；萼片白色，外面被短柔毛。瘦果黑色，有柔毛，宿存花柱可达5厘米。

分布： 全省习见。生于林缘或灌丛中。

其他： 根可治风湿寒性关节痛。白色小花花量大，可用于垂直绿化或盆栽观赏。

威灵仙

威灵仙花序

威灵仙果

厚叶铁线莲

Clematis crassifolia

攀援： 以茎和叶柄缠绕的方式攀援。

辨识： 茎紫红色。三出复叶，小叶全缘，基生 3 出脉。圆锥状聚伞花序；萼片白色或略带粉红色，外面无毛，内面有较密短柔毛。瘦果镰刀状卵形，有柔毛。

分布： 见于南靖、永泰、建阳、武夷山等地。生于林缘或疏林中。

其他： 叶大光亮，白色小花花量大，可用于垂直绿化或盆栽观赏。

厚叶铁线莲

厚叶铁线莲花序

厚叶铁线莲果序

山木通

Clematis finetiana

攀援： 以茎缠绕的方式攀援。

辨识： 茎和小枝有纵棱。三出复叶，茎基部有单叶，小叶全缘。聚伞花序比叶长或近等长，基部常有宿存芽鳞；萼片白色，外面边缘密生白色短茸毛。瘦果弯曲，有柔毛，宿存花柱可达 3 厘米，有黄褐色长柔毛。

分布： 全省习见。生于林缘或路旁灌丛中。

其他： 根可治风湿寒性关节痛。白色小花花量大，可用于垂直绿化或盆栽观赏。

山木通开花状

山木通叶正面

山木通果

单叶铁线莲

Clematis henryi

攀援：以茎和叶柄缠绕的方式
攀援。

辨识：单叶，基部浅心形，有
锯齿。花梗与叶柄近等
长；花钟状，萼片外面
有短茸毛，花柱被白色
绢毛。瘦果的宿存花柱
可达4厘米。

分布：全省较常见。生于路边、
林下或灌丛中。

其他：花大，可用于垂直绿化
或盆栽观赏。

单叶铁线莲

单叶铁线莲花

单叶铁线莲果

锈毛铁线莲

Clematis leschenaultiana

攀援：以茎和叶柄缠绕的方式攀援。

辨识：茎有纵沟，密被黄色长柔毛。三出复叶，叶柄、
叶下均被长柔毛。萼片直立，外面密被金黄
色柔毛。瘦果和宿存花柱亦被黄色柔毛。

分布：全省较常见。生于路边、林下或灌丛中。

其他：花大、鲜黄，可用于垂直绿化或盆栽观赏。

锈毛铁线莲果

锈毛铁线莲花

锈毛铁线莲

丝铁线莲

Clematis loureiroana

攀援： 以茎缠绕的方式攀援。

辨识： 茎紫褐色。三出复叶，小叶纸质，全缘，两面无毛，基出脉 5~7 条。圆锥状聚伞花序较叶长；萼片白色，外面被淡褐色茸毛，内面无毛；退化雄蕊位于雄蕊外围，能育雄蕊药隔突起。瘦果狭卵形，有黄色短柔毛；宿存花柱长 5~8 厘米，丝状，有开展的长柔毛。

分布： 见于南靖等地。生于林下或灌丛中。

其他： 花大、量多，具有较高观赏价值，可用于垂直绿化或盆栽观赏。

丝铁线莲叶正面

丝铁线莲叶背面

丝铁线莲攀援状

毛柱铁线莲

Clematis meyeniana

攀援： 以茎缠绕的方式攀援。

辨识： 茎有纵棱。三出复叶，小叶全缘，两面无毛，叶柄基部稍膨大。圆锥状聚伞花序常比叶长，花多数，萼片白色。瘦果狭卵形，有柔毛；宿存花柱长达 2.5 厘米，被灰黄色柔毛。

分布： 见于云霄、德化、武夷山等地。生于林下或灌丛中。

其他： 白色小花花量大，可用于垂直绿化或盆栽观赏。

毛柱铁线莲花序

绣球藤

Clematis montana

攀援：以茎缠绕的方式攀援。

辨识：茎外皮灰白色。三出复叶，小叶上部有时 3 裂，边缘有缺刻状锯齿。花 1~6 朵与叶簇生；萼片 4 枚，白色或外面带淡红色，外面疏生短柔毛。瘦果扁，无毛，宿存花柱长 2 厘米。

分布：见于武夷山。生于林缘或灌丛中。

其他：花大、量多，具有较高观赏价值，可用于垂直绿化或盆栽观赏。

绣球藤结果状

裂叶铁线莲

Clematis parviloba

攀援：以茎缠绕的方式攀援。

辨识：一至二回羽状复叶或二回三出复叶，小叶纸质；全缘或有少数粗锯齿，亦可表现为叶裂；两面有贴生的短柔毛，基生 3 出脉。聚伞花序与叶近等长；萼片白色，外面被贴生白色柔毛，内面无毛。瘦果卵形，有柔毛，宿存花柱长达 4 厘米。

分布：见于福清、蕉城。生于林中或灌丛中。

其他：白色小花花量大，可用于垂直绿化或盆栽观赏。本种形态变异大。

裂叶铁线莲

裂叶铁线莲叶背面

裂叶铁线莲花

华中铁线莲

Clematis pseudootophora

攀援： 以茎和叶柄缠绕的方式攀援。

辨识： 茎有浅纵沟。三出复叶，下面灰白色，两面无毛。花梗有1对叶状苞片；花钟状，下垂；萼片淡黄色，外面无毛，内面有柔毛。瘦果和宿存花柱被黄色柔毛。

分布： 见于武夷山。生于山谷林缘或灌丛中。

其他： 花大、鲜黄，可用于垂直绿化或盆栽观赏。

华中铁线莲攀援状和花

华中铁线莲叶正面

华中铁线莲雌雄蕊群

柱果铁线莲

Clematis uncinata

攀援： 以茎和叶柄缠绕的方式攀援。

辨识： 除花柱有羽状毛及萼片外面边缘有短柔毛外，其余无毛。一至二回羽状复叶，基部2对羽片常为2~3片小叶。圆锥状聚伞花序常比叶长，萼片白色。瘦果圆柱钻形，无毛，宿存花柱长1~2厘米。

分布： 全省较常见。生于林缘或灌丛中。

其他： 白色小花花量大，可用于垂直绿化或盆栽观赏。

柱果铁线莲

柱果铁线莲花序

柱果铁线莲果

鄂西清风藤

Sabia campanulata subsp. *ritchieae*

攀援：以茎搭靠的方式攀援。

辨识：老枝无木质化成单刺状或双刺状的叶柄基。叶纸质，边缘平展，披针形至长圆状卵形。花单生于叶腋，深紫色。果扁球形，双生状，外果皮皱；未熟前红色，成熟后深蓝色。

分布：分布于沙县、延平等地。攀援于林下、灌丛或杂木林中。

鄂西清风藤攀援状

鄂西清风藤叶背面

鄂西清风藤花

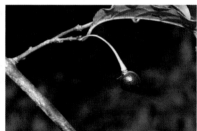

鄂西清风藤果

革叶清风藤

Sabia coriacea

攀援：以茎搭靠的方式攀援。

辨识：小枝深褐色。叶革质，长圆形或椭圆形，两面无毛。聚伞花序有花5~10朵，花瓣5枚，浅绿带紫红色。分果爿近圆形或倒卵形，鲜时红色。

分布：见于晋安、三元、芗城、延平等地。攀援于林下灌丛、山溪岸边杂木林中。

革叶清风藤

革叶清风藤花序

革叶清风藤攀援状和果序

灰背清风藤

Sabia discolor

攀援：以茎搭靠的方式攀援。

辨识：嫩枝具纵条纹，无毛。叶纸质，卵形至阔卵形，叶背苍白色，无毛。聚伞花序腋生，有花2~5朵，花绿色。分果爿红色，倒卵状圆形或倒卵形。

分布：见于三元、延平、芗城、新罗等地。攀援于灌丛、杂木林中。

灰背清风藤

灰背清风藤叶正面

灰背清风藤花

灰背清风藤果

清风藤

Sabia japonica

攀援：以茎缠绕的方式攀援。

辨识：老枝常留有木质化成单刺状或双刺状的叶柄基。叶近纸质，卵状椭圆形至阔卵形，叶背带白色，侧脉每边3~5条。花单生叶腋，花瓣5枚，淡黄绿色。分果爿近圆形或肾形。

分布：全省习见。攀援于林下灌丛、山谷等地。

其他：植株含清风藤碱等多种生物碱，茎叶或根入药，有祛风利湿、活血解毒的功效。

清风藤

清风藤花

清风藤果

柠檬清风藤

Sabia limoniacea

攀援： 以茎搭靠的方式攀援。

辨识： 嫩枝绿色，老枝褐色，具白蜡层。叶革质，椭圆形至卵状椭圆形，两面无毛。聚伞花序有花 2~4 朵，再排成狭长的圆锥花序，花淡绿色、黄绿色或淡红色。分果爿近圆形或近肾形，红色。

分布： 见于南靖、新罗等地。攀援于林下灌丛、山溪岸边杂木林中。

柠檬清风藤攀援状和叶正面

柠檬清风藤花序

柠檬清风藤果序

尖叶清风藤

Sabia swinhoei

攀援： 以茎搭靠的方式攀援。

辨识： 老枝无木质化成单刺状或双刺状的叶柄基部。叶纸质，椭圆形至宽卵形。聚伞花序有花 2~7 朵，被疏长柔毛，花瓣 5 枚，浅绿色。分果爿深蓝色，近圆形或倒卵形。

分布： 全省习见。攀援于林下、灌丛、杂木林、山谷等地。

尖叶清风藤

尖叶清风藤花

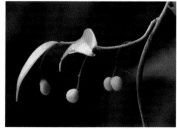

尖叶清风藤果

锡叶藤

Tetracera sarmentosa

攀援：以茎搭靠的方式攀援。

辨识：茎多分枝，粗糙。叶极粗糙，矩圆形；侧脉 10~15 对，近平行，在下面显著地凸起。花序轴常为"之"字形弯曲，花白色。果实成熟时黄红色，干后果皮薄革质，有残存花柱。

分布：见于南靖、云霄等地。垂挂于石壁或搭靠于乔木上。

其他：本种叶片极粗糙，可用于磨光锡器，故称之"锡叶藤"。茎皮纤维制成的绳索，耐水且坚韧，可用作船缆等。

锡叶藤叶背面

锡叶藤果序

锡叶藤

三裂蛇葡萄

Ampelopsis delavayana

攀援：以卷须卷曲的方式攀援。

辨识：小枝常带红色，卷须 2~3 叉分枝。叶纸质，多数为掌状 3 全裂，无柄或有短柄；侧生小叶极偏斜，边缘有粗锯齿，上面深绿色，下面淡绿色，有短毛或无毛。

分布：见于厦门、沙县、福清、延平等地。攀附于乔木、灌木等物体上。

其他：根皮供药用，有消肿止痛、舒筋活血、止血的功效。

三裂蛇葡萄结果状

三裂蛇葡萄叶背面

三裂蛇葡萄卷须

光叶蛇葡萄

Ampelopsis glandulosa var. *hancei*

攀援：以卷须卷曲的方式攀援。

辨识：小枝、叶柄和叶片均无毛或被极稀疏的短柔毛。单叶，不裂或偶 3 浅裂。

分布：见于三元、晋安、延平、厦门、福安等地。攀附于乔木、灌木等物体上。

其他：果可酿酒。根、茎、叶有微毒，供药用，有清热解毒、祛湿消肿的功效。

光叶蛇葡萄

光叶蛇葡萄叶背面

牯岭蛇葡萄

Ampelopsis glandulosa var. *kulingensis*

攀援：以卷须卷曲的方式攀援。

辨识：植株被短柔毛或几无毛。叶片显著呈五角形，上部侧角明显外倾。

分布：见于三元、泉港、延平等地。攀附于乔木、灌木等物体上。

牯岭蛇葡萄

牯岭蛇葡萄花

牯岭蛇葡萄果

葎叶蛇葡萄

Ampelopsis humulifolia

攀援：以卷须卷曲的方式攀援。

辨识：枝褐色，无毛或偶有微毛。卷须 2 叉分枝。叶硬纸质，3~5 浅裂或中裂，稀混生不裂者；上面鲜绿色，无毛，有光泽；下面苍白色，无毛或脉上稍有毛；叶柄与叶片等长或较叶片短。

分布：见于晋安、泰宁等地。攀附于乔木、灌木等物体上。

其他：根皮药用，有活血散瘀、消炎解毒之效。

葎叶蛇葡萄

葎叶蛇葡萄果

角花乌蔹莓

Causonis corniculata

攀援：以卷须卷曲的方式攀援。

辨识：全株无毛，茎纤细，卷须 2 叉分枝。侧生小叶较小，卵形或宽卵形，基部常偏斜，边缘有疏离的小尖齿，两面无毛。聚伞花序腋生，花瓣外面近顶部有角状突起。

分布：见于长泰、晋安、三元、延平等地。攀附于乔木、灌木等物体上。

角花乌蔹莓

角花乌蔹莓叶背面

角花乌蔹莓花

角花乌蔹莓果

乌蔹莓

Causonis japonica

攀援： 以卷须卷曲的方式攀援。

辨识： 茎、幼叶、叶柄带紫红色，卷须 2~3 叉分枝。叶为鸟足状复叶，基部钝圆或宽楔形，边缘有疏锯齿，两面沿脉有短毛或近无毛，侧生小叶较小。花序腋生，复二歧聚伞花序。

分布： 全省习见。攀附于乔木、灌木等物体上。

乌蔹莓花

乌蔹莓攀援状和果

白毛乌蔹莓

Cayratia albifolia

攀援： 以卷须卷曲的方式攀援。

辨识： 小枝有纵棱纹，被灰色柔毛，卷须 3 分枝。小叶下面灰白色，密被灰色短柔毛，脉上毛较密而平展。伞房状多歧聚伞花序腋生。果实球形，成熟时红色至紫黑色。

分布： 见于清流等地。攀附于乔木、灌木等物体上。

白毛乌蔹莓攀援状

白毛乌蔹莓叶背面

白毛乌蔹莓果

苦郎藤

Cissus assamica

攀援： 以卷须卷曲的方式攀援。

辨识： 枝圆柱形，被稀疏的锈色"丁"字形短毛。卷须2叉分枝。叶膜质或纸质，上面近无毛，下面被锈色"丁"字形短柔毛，基出脉3条。聚伞花序再组成伞形花序，与叶对生。浆果梨形，成熟时紫黑色。

分布： 见于南靖、新罗、永安、延平等地。攀援于树上或石头上。

其他： 根有微毒，供药用，有消肿拔毒的功效。

苦郎藤

苦郎藤花

苦郎藤果

翼茎白粉藤

Cissus pteroclada

攀援： 以卷须卷曲的方式攀援。

辨识： 枝有4条纵狭翅，卷须分叉。叶纸质或膜质，心状戟形或心形，两面均无毛。聚伞花序呈伞形花序式排列，与叶对生。浆果椭圆形。

分布： 见于漳浦、厦门、南靖、长泰、上杭等地。生于灌丛或石头上。

其他： 可栽培观赏。

翼茎白粉藤卷须

翼茎白粉藤枝和叶背面

翼茎白粉藤

牛果藤

Nekemias cantoniensis

攀援： 以卷须卷曲的方式攀援。

辨识： 全株无毛，卷须粗壮，二分叉。叶为1~2回羽状复叶，小叶近革质，大小不一，边缘有不明显的钝齿，下面苍白色，常被白粉。伞房状多歧聚伞花序。

分布： 全省习见。攀附于乔木、灌木等物体上。

牛果藤结果状

牛果藤叶背面

牛果藤花

大齿牛果藤

Nekemias grossedentata

攀援： 以卷须卷曲的方式攀援。

辨识： 全株无毛。幼叶略带紫红色；枝上部叶几无柄；小叶较小，边缘有明显的粗锯齿；顶生小叶具柄；侧生小叶无柄，稍偏斜。花序为伞房状多歧聚伞花序。浆果近球形。

分布： 见于三元、南靖、新罗、延平等地。攀附于乔木、灌木等物体上。

其他： 用其茎、叶制作夏天解暑饮料。

大齿牛果藤

大齿牛果藤花

大齿牛果藤果

大齿牛果藤叶背面

大叶牛果藤

Nekemias megalophylla

攀援: 以卷须卷曲的方式攀援。

辨识: 小枝紫褐色,有时具白粉;卷须粗壮,二分叉。叶为二回羽状复叶,柄较长;小叶较大,长4~12厘米,边缘有粗锯齿,仅在脉上有少数毛。

分布: 见于三元、延平等地。攀附于乔木、灌木等物体上。

大叶牛果藤攀援状

大叶牛果藤叶正面

异叶地锦

Parthenocissus dalzielii

攀援: 以吸盘吸附的方式攀援。

辨识: 落叶攀援灌木。叶异形,厚纸质;营养枝上的叶常为单叶,心状卵形或心状圆形;老枝上或花枝上的叶,通常为三出复叶,中央小叶长卵形、宽披针状卵形或倒卵状长圆形。浆果熟时紫黑色,被白粉。

分布: 全省习见。攀援于树上或石头上。

其他: 应用于立体绿化。

异叶地锦

异叶地锦花

异叶地锦果

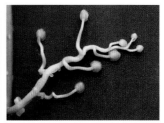
异叶地锦卷须

绿叶地锦

Parthenocissus laetevirens

攀援： 以吸盘吸附的方式攀援。

辨识： 卷须总状5~10分枝。掌状复叶，小叶5片，少3片，纸质至厚纸质，边缘每侧自中部以上有较多齿；上面深绿色，无毛，显著呈泡状隆起；下面浅绿色，中脉和侧脉在下面稍隆起。聚伞花序呈圆锥花序式排列。

分布： 见于南靖、连城、沙县、将乐、建宁、武夷山、光泽等地。攀援于树上或石头上。

其他： 可开发用于立体绿化。

绿叶地锦

绿叶地锦果

绿叶地锦卷须

三叶地锦

Parthenocissus semicordata

攀援： 以吸盘吸附的方式攀援。

辨识： 枝灰褐色。叶纸质，全部为三出复叶，顶端渐尖或尾状渐尖，叶柄长3~12厘米。花小，淡绿色。浆果球形，成熟时黑褐色。

分布： 见于晋安、厦门等地。攀援于树上或石头上。

其他： 应用于立体绿化。

三叶地锦攀援状

三叶地锦叶正面

三叶地锦果和花

地锦

Parthenocissus tricuspidata

攀援： 以吸盘吸附的方式攀援。

辨识： 落叶攀援灌木，卷须顶端有吸盘。叶纸质，宽卵形，顶端通常 3 裂；幼苗和下部枝上的叶常分裂成 3 片小叶或为 3 全裂。聚伞花序，花小，黄绿色。浆果球形。

分布： 全省习见。攀援于树上或石头上。

其他： 根、茎供药用，有破瘀血、消肿毒的功效。果可酿酒。多应用于立体绿化。

地锦

地锦叶背面

地锦花

华中拟乌蔹莓

Pseudocayratia oligocarpa

攀援： 以卷须卷曲的方式攀援。

辨识： 茎圆柱形，有沟槽，被黄褐色短柔毛。叶为鸟足状复叶，下面脉上被灰白色短柔毛，中央小叶柄比侧生小叶柄长 2~3 倍或更长。花瓣顶部无角状突起。

分布： 见于德化、永泰、泰宁、武夷山等地。攀附于乔木、灌木等物体上。

华中拟乌蔹莓

三叶崖爬藤

Tetrastigma hemsleyanum

攀援： 以卷须卷曲的方式攀援。

辨识： 卷须不分枝。掌状复叶 3 小叶，侧生小叶基部偏斜。花序腋生，二歧状着生在分枝末端，集生成伞形花序。

分布： 全省习见。常攀援于山谷、林下灌丛等地。

其他： 全株供药用，有清热解毒、舒经活血的功效；块茎对小儿高热有良效。

三叶崖爬藤

三叶崖爬藤花

三叶崖爬藤果

无毛崖爬藤

Tetrastigma obtectum var. *glabrum*

攀援： 以卷须卷曲的方式攀援。

辨识： 全株无毛或近无毛，小枝纤细。卷须有数个分叉，短而纤细，顶端有吸盘。小叶膜质，边缘有波状的小锐齿。伞形花序腋生。浆果球形，成熟时红色。

分布： 见于晋安、连江、延平等地。攀附于乔木、灌木等物体上。

无毛崖爬藤

无毛崖爬藤攀援状

无毛崖爬藤花

扁担藤

Tetrastigma planicaule

扁担藤

攀援： 以卷须卷曲的方式攀援。

辨识： 攀援大灌木，全株无毛。茎褐色，呈带状扁平，卷须粗壮。掌状小叶 5 片，厚纸质，脉在下面隆起。复伞形聚伞花序腋生。果序疏散，浆果较大，近球形，肉质。

分布： 见于福州、漳州等地。攀附于乔木、灌木等物体上。

其他： 果可食。茎藤药用，有祛风湿的功效。可开发观赏。

扁担藤茎

扁担藤花

扁担藤果

蘡薁

Vitis bryoniifolia

蘡薁

攀援： 以卷须卷曲的方式攀援。

辨识： 幼枝被锈色或灰白色蛛丝状毛。叶薄，宽卵形，3 深裂，上面疏生短毛，下面密被锈色绵毛。花序轴和分枝被锈色蛛丝状毛；花小，淡绿色。果实球形，成熟时紫红色。

分布： 全省各地较常见。攀援于山坡灌丛或石头上。

其他： 果实可酿酒。全株药用，有祛风湿、消肿毒的功效。

蘡薁花

蘡薁叶背面

东南葡萄

Vitis chunganensis

攀援：以卷须卷曲的方式攀援。

辨识：幼枝略带红紫色。叶互生，薄革质，心状卵形、卵形或狭卵形，顶端短渐尖；上面绿色，下面有浓白粉，两面无毛，网脉不明显。圆锥花序疏散。果实球形，成熟时紫黑色。

分布：见于长汀、永安、宁化、古田、延平等地。攀援于树上或溪边灌丛。

东南葡萄

东南葡萄叶背面

东南葡萄果

闽赣葡萄

Vitis chungii

攀援：以卷须卷曲的方式攀援。

辨识：卷须2叉分枝。叶互生，坚纸质至薄革质，每侧边缘有7~9个疏离的锯齿；两面无毛，常被白粉；叶脉在两面隆起，网脉明显。圆锥花序基部分枝不发达。果实球形，成熟时紫红色。

分布：全省习见。攀援于树上或溪边灌丛。

闽赣葡萄花

闽赣葡萄果

闽赣葡萄

刺葡萄

Vitis davidii

攀援： 以卷须卷曲的方式攀援。

辨识： 幼枝带紫褐色，密生皮刺，长2~4毫米，卷须分叉。叶互生，纸质，心状宽卵形或心形；叶柄疏生小皮刺，有时几无刺。圆锥花序，花小，黄绿色。果实球形，成熟时紫红色。

刺葡萄

分布： 见于连城、三元、蕉城、延平等地。攀援于树上或石头上。

其他： 果实可生食或酿酒，种子可榨油。根供药用，治筋骨伤痛。

刺葡萄卷须和皮刺

刺葡萄果

刺葡萄花

锈毛刺葡萄

Vitis davidii var. *ferruginea*

攀援： 以卷须卷曲的方式攀援。

辨识： 幼枝密生皮刺。叶互生，纸质，下面沿脉有蛛丝状柔毛和开展的锈色短毛；叶柄疏生小皮刺。花小，黄绿色。

分布： 见于上杭、连城、建阳、武夷山、光泽等地。攀援于树上或溪边灌丛。

锈毛刺葡萄

锈毛刺葡萄叶背面

锈毛刺葡萄皮刺

葛藟葡萄

Vitis flexuosa

攀援： 以卷须卷曲的方式攀援。

辨识： 枝细长，幼枝被灰白色或锈色茸毛。叶长宽 4~4.5 厘米，网脉不明显，叶脉近平，基部浅心形或近截形，下面沿脉和脉腋有灰白色或锈色短茸毛。

分布： 见于三元、芗城、延平等地。攀附于乔木、灌木等物体上。

葛藟葡萄

葛藟葡萄叶背面

毛葡萄

Vitis heyneana

攀援： 以卷须卷曲的方式攀援。

辨识： 幼枝、叶柄和花序轴密被灰白色或豆沙色蛛丝状柔毛。叶互生，纸质，卵形或五角状卵形，不分裂或不明显 3 浅裂，下面密被灰白色或豆沙色毡毛。浆果球形，成熟时紫黑色。

分布： 见于晋安、三元、泰宁、建瓯等地。攀援于山坡灌丛或石头上。

其他： 果味甜，可生食，也可酿酒。根皮供药用，有调经活血、补虚止带的功效。

毛葡萄

毛葡萄花

毛葡萄果

华东葡萄

Vitis pseudoreticulata

攀援： 以卷须卷曲的方式攀援。

辨识： 卷须粗壮二分叉。叶较大，长宽各达 10 厘米，网脉不明显，叶脉近平，下面沿中脉和侧脉有白色短毛和褐黄色蛛丝状毛。圆锥花序常自下部分枝。果实成熟时紫黑色。

分布： 见于三元、清流、延平等地。攀附于乔木、灌木等物体上。

其他： 为培育南方葡萄品种的重要种质资源。

华东葡萄叶背面

华东葡萄结果状

秋葡萄

Vitis romanetii

攀援： 以卷须卷曲的方式攀援。

辨识： 小枝密被短柔毛和有柄腺毛，腺毛长 1~1.5 毫米；卷须常 2 或 3 分枝，每隔 2 节间断与叶对生。叶近心形，边缘有粗锯齿，齿端尖锐；基生脉 5 出，脉上疏生柔毛和有柄腺体，叶柄亦然。圆锥花序疏散。果球形，0.7~0.8 厘米。

分布： 见于尤溪等地。生于山坡林中或灌丛中。

其他： 果可食或酿造果酒。

秋葡萄

秋葡萄叶背面

小叶葡萄

Vitis sinocinerea

攀援：以卷须卷曲的方式攀援。

辨识：小枝疏被短柔毛和稀疏蛛丝状茸毛，卷须不分枝或 2 叉分枝。叶卵圆形，3 浅裂或不明显分裂，边缘每侧有 5~9 个锯齿；上面绿色，下面密被淡褐色蛛丝状茸毛。圆锥花序小，狭窄。果实成熟时紫褐色。

分布：见于厦门、芗城、三元、晋安等地。生于山坡路旁灌丛中。

小叶葡萄　　　　　　　　　　　　　　小叶葡萄叶背面

狭叶葡萄

Vitis tsoi

攀援：以卷须卷曲的方式攀援。

辨识：卷须不分叉。叶不分裂，较狭窄，基部圆形或浅心形，两面仅中脉和侧脉上有短柔毛，网脉在两面隆起。圆锥花序长达6 厘米，花萼浅杯状。浆果近球形。

分布：见于三元、延平、永泰、古田等地。攀附于乔木、灌木等物体上。

狭叶葡萄叶背面　　　　　狭叶葡萄结果状　　　　　狭叶葡萄攀援状

网脉葡萄

Vitis wilsoniae

攀援: 以卷须卷曲的方式攀援。

辨识: 卷须二分叉。叶脉两面隆起，形成明显的网脉；叶心形或宽卵形，下面仅沿脉有褐黄色蛛丝状毛。圆锥花序长 8~15 厘米。

分布: 见于建宁、延平等地。攀附于乔木、灌木等物体上。

网脉葡萄

网脉葡萄花

大果俞藤

Yua austro-orientalis

攀援: 以卷须卷曲的方式攀援。

辨识: 小枝圆柱形，褐色或灰褐色。叶为掌状 5 小叶，叶片较厚，亚革质；上面绿色，下面淡绿色且常有白粉，两面无毛，干时网脉突起。花序为复二歧聚伞花序。果实圆球形，紫红色，味酸甜。

分布: 全省习见。攀援于树上或石头上。

其他: 果可食。可开发应用于亭廊绿化。

大果俞藤攀援状

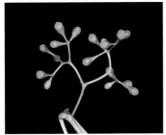

大果俞藤花

大果俞藤果和叶背面

毛相思子

Abrus pulchellus subsp. *mollis*

毛相思子

攀援： 以茎缠绕的方式攀援。

辨识： 植株各部被开展柔毛。羽状复叶，小叶 10~16 对，叶脉两面均不明显。花冠粉红色或淡紫色。荚果长圆形。

分布： 见于云霄、南靖、平和等地。生于山谷、路旁疏林、灌丛中。

其他： 种子有剧毒。

毛相思子攀援状

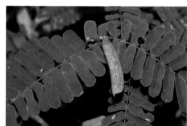
毛相思子果

天香藤

Albizia corniculata

天香藤结果状

攀援： 以茎搭靠的方式攀援。

辨识： 二回羽状复叶，羽片 3~6 对，小叶 4~9 对；叶下面苍白色，叶柄基部常具 1 枚短硬刺和 1 枚扁平的腺体。头状花序，再排成顶生或腋生的圆锥花序；花冠白色。荚果扁平。

分布： 见于南靖、平和、泉港等地。生于灌草丛上。

天香藤枝

天香藤种子

天香藤花

两型豆

Amphicarpaea edgeworthii

攀援: 以茎缠绕的方式攀援。

辨识: 一年生缠绕草本。叶具羽状 3 小叶。花分有瓣花和无瓣花两种类型，生于茎上部的为正常花，下部的为闭锁花。荚果二型，正常花所结荚果长圆形或倒卵状长圆形，闭锁花伸入地下所结荚果椭圆形或近球形。

分布: 见于建阳、武夷山等地。生于湿地、林缘、疏林及灌丛中。

其他: 可供家畜和家禽饲用。

两型豆攀援状

两型豆花

两型豆果

肉色土圞儿

Apios carnea

攀援: 以茎缠绕的方式攀援。

辨识: 小叶通常 5 片，有时 8 片，椭圆形。总状花序短，花淡红色、淡紫红色或橙红色；花柱弯曲成圆形或半圆形。荚果线形、直。

分布: 见于武夷山等地。生于公路旁、水沟边、林下。

其他: 种子含油。

肉色土圞儿攀援状

肉色土圞儿叶背面

肉色土圞儿花

南岭土圞儿

Apios chendezhaoana

攀援：以茎缠绕的方式攀援。

辨识：落叶藤本。小叶 3~5 片，先端具有较长的尾尖。花冠白色，龙骨瓣不偏向一侧；花柱膨大，柱头下有簇毛。

分布：见于武夷山、建宁。生于潮湿庇荫的山谷。

南岭土圞儿叶正面　　　　　　　　南岭土圞儿攀援状和果

土圞儿

Apios fortunei

攀援：以茎缠绕的方式攀援。

辨识：小叶 3~7 片，卵形或卵状披针形。总状花序长达 26 厘米，花淡黄带绿色。荚果长约 8 厘米。

分布：见于泰宁、延平、武夷山等地。生于山坡灌丛中。

其他：块根含淀粉，可食；也可药用，有散积理气、解毒补脾、清热镇咳的功效。

土圞儿　　　　　　　土圞儿花　　　　　　土圞儿攀援状

土圞儿叶背面

云实

Biancaea decapetala

攀援： 以茎搭靠的方式攀援。

辨识： 攀援灌木。叶纸质，二回羽状复叶。总状花序顶生，总花梗多刺；花瓣黄色，盛开时反卷。荚果革质，长舌形，沿背缝线有狭翅。

分布： 全省习见。生于山坡、山地路旁沟岸边。

其他： 根、茎及果药用。果皮和树皮含单宁。种子含油35%，可制肥皂和润滑油。常栽培作绿篱。

云实花

云实果

云实

藤槐

Bowringia callicarpa

攀援： 以茎搭靠的方式攀援。

辨识： 木质藤本。单叶，近革质，卵形至长椭圆形。总状花序或排列成伞房状；花疏生，花冠白色。果瓣薄革质，有网纹。

分布： 见于南靖、云霄等地。生于林中或溪旁。

其他： 根、叶可入药，主治跌打损伤，外伤出血。

藤槐攀援状

藤槐叶背面

藤槐花

藤槐果

华南云实

Caesalpinia crista

攀援： 以茎搭靠的方式攀援。

辨识： 本质藤本。二回羽状复叶，叶革质。花序总状，再排列成顶生、疏松的大型圆锥花序；花瓣 5 枚，其中 4 枚黄色，上面 1 枚具红色斑纹。荚果厚革质，种子 1 粒。

分布： 见于厦门、云霄、诏安、新罗等地。生于山坡水沟边、灌木丛中。

其他： 根可作利尿药。可栽培观赏。

华南云实

华南云实叶背面

华南云实花

华南云实果

乌爪簕

Caesalpinia vernalis

攀援： 以茎搭靠的方式攀援。

辨识： 蔓性灌木。叶革质，二回羽状复叶。圆锥花序，花瓣黄色，上面一片较小，外卷，有红色斑纹。荚果木质，近菱形，先端具喙，有种子 2 粒。

分布： 见于华安、云霄等地。生于山坡灌木丛中。

其他： 常栽培作绿篱。

乌爪簕叶背面

乌爪簕

蔓草虫豆

Cajanus scarabaeoides

攀援： 以茎缠绕的方式攀援。

辨识： 植株被锈色茸毛。小叶3片，上面被白色短柔毛，下面毛较密，基出脉3条。花黄色。荚果长圆形，密被锈色长柔毛，果瓣革质；种子间有明显横槽纹。

分布： 见于厦门等地。生于山坡灌丛中或草地。

其他： 叶入药，有健脾、利尿的功效。

蔓草虫豆

蔓草虫豆叶背面

蔓草虫豆果

香花鸡血藤

Callerya dielsiana

攀援： 以茎缠绕的方式攀援。

辨识： 木质藤本。羽状复叶，小叶5片。圆锥花序顶生，密被黄褐色茸毛；花萼钟状，密被锈色茸毛；花冠紫红带白色，旗瓣密被锈色茸毛，基部无胼胝状附属物。

分布： 全省习见。生于山坡灌丛中、疏林下。

其他： 根药用，有行气和血、祛风除湿、舒筋活络的功效。可开发观赏。

香花鸡血藤

香花鸡血藤攀援状

香花鸡血藤花

香花鸡血藤果

异果鸡血藤

Callerya dielsiana var. *heterocarpa*

攀援： 以茎缠绕的方式攀援。

辨识： 木质藤本。羽状复叶小叶 5 片，小叶卵形至宽披针形。圆锥花序顶生，密被黄褐色茸毛；花萼钟状，密被锈色茸毛；花冠紫红带白色，旗瓣密被锈色茸毛，基部无胼胝状附属物。

分布： 见于泰宁、武夷山等地。生于山坡灌丛中、密林下或山沟水边。

异果鸡血藤攀援状

异果鸡血藤花

异果鸡血藤果

亮叶鸡血藤

Callerya nitida

攀援： 以茎缠绕的方式攀援。

辨识： 攀援灌木。羽状复叶，小叶 5 片。圆锥花序顶生，花序轴密被锈黄色短伏毛；花紫色，旗瓣外面密被绢状伏毛，基部有胼胝体状附属物。果有短颈，密被锈色茸毛。

分布： 见于延平、武夷山、光泽等地。生于林下或灌木丛中。

其他： 可开发观赏。

亮叶鸡血藤

亮叶鸡血藤叶背面

亮叶鸡血藤花

亮叶鸡血藤果

丰城鸡血藤

Callerya nitida var. *hirsutissima*

攀援：以茎缠绕的方式攀援。

辨识：攀援灌木。羽状复叶5小叶，小叶卵形，较小，上面污绿色，下面密被红褐色短硬毛。圆锥花序顶生，花序轴密被锈黄色短伏毛；花紫色，旗瓣外面密被绢状伏毛，基部有胼胝体状附属物。果有短颈。

分布：见于德化、沙县、武夷山等地。生于山坡林下或灌丛中。

丰城鸡血藤

丰城鸡血藤叶背面

丰城鸡血藤花

丰城鸡血藤果

海刀豆

Canavalia rosea

攀援：以茎缠绕的方式攀援。

辨识：多年生缠绕藤本。羽状复叶3小叶，顶生小叶圆形或广倒卵形。花冠紫红色。荚果线状长圆形，顶端具喙尖，长6~9厘米，宽3厘米。

分布：见于厦门、云霄、诏安等地。生于海边砂土上。

其他：豆荚和种子有毒。

海刀豆

海刀豆叶正面

海刀豆花

海刀豆果

首冠藤

Cheniella corymbosa

攀援：以卷须卷曲的方式攀援。

辨识：嫩枝、花序和卷须的一面被红棕色小粗毛。叶近圆形，顶端2深裂，裂片为叶长的2/3~3/4。伞房花序式的总状花序顶生于侧枝上；花瓣白色，有粉红色脉纹；花丝淡红色。荚果扁平。

分布：见于延平、古田等地。缠绕于乔木、灌木上。

其他：可栽培观赏，用于垂直、岩石边坡绿化。

首冠藤

首冠藤卷须

首冠藤枝

粉叶首冠藤

Cheniella glauca

攀援：以卷须卷曲的方式攀援。

辨识：木质藤本，除花序梢被锈色短柔毛外，其余无毛。叶近圆形，先端圆钝，顶端2裂，裂片为叶长的1/3~1/2。花排成伞房花序式的总状花序；花瓣白色，各瓣近相等，具长柄；能育雄蕊3枚。荚果带状，薄，不开裂。

分布：见于华安、延平、武夷山等地。生于山谷、路边的密林或灌丛中。

其他：可栽培观赏，用于垂直、岩石边坡绿化。

粉叶首冠藤

粉叶首冠藤花

粉叶首冠藤果

两粤黄檀

Dalbergia benthamii

两粤黄檀

攀援： 以茎搭靠的方式攀援（短枝钩状攀援）。

辨识： 羽状复叶长12~17厘米；小叶2~3对，近革质，卵形或椭圆形，长3.5~6厘米，宽1.5~3厘米，先端钝，微缺，基部楔形，上面无毛，下面干时粉白色，略被伏贴微柔毛。

分布： 见于永春、芗城、永泰、仙游、漳浦等地。生于疏林或灌丛中，常攀援于树上。

其他： 可作行道树或庭园观赏用，也可作家具用材。

两粤黄檀叶背面

两粤黄檀果

两粤黄檀花

藤黄檀

Dalbergia hancei

藤黄檀叶背面

攀援： 以茎卷曲的方式攀援。

辨识： 木质藤本。奇数羽状复叶，小叶7~11片，长0.7~2.5厘米，宽0.5~1厘米，顶端钝圆而微凹，基部楔形或圆形，幼时两面被伏柔毛，老时仅下面疏被毛。总状花序远较复叶短，花冠绿白色。荚果扁平，通常有1粒种子，稀2~4粒。

分布： 全省习见。生于山坡灌丛中或溪沟边。

其他： 根、茎及树脂入药，有强筋活络、破积止痛的功效。

藤黄檀

藤黄檀花

藤黄檀果

香港黄檀

Dalbergia millettii

攀援：以茎搭靠的方式攀援（短枝钩状攀援）。

辨识：羽状复叶长 4~5 厘米。小叶 12~17 对，紧密，线形或狭长圆形，先端截形，有时微凹缺，基部圆或钝，两侧略不等。圆锥花序腋生，花微小，花冠白色。果瓣全部有网纹，种子1~2 粒。

分布：见于屏南、尤溪等地。生于山谷疏林或密林中。

其他：可作行道树或庭园观赏树。

香港黄檀

香港黄檀花

香港黄檀果

香港黄檀攀援状

中南鱼藤

Derris fordii

攀援：以茎缠绕的方式攀援。

辨识：木质藤本。小叶 5~7 片。圆锥花序腋生，花白色；旗瓣近圆形，顶端微缺；翼瓣一侧有耳；龙骨瓣钝，基部一侧耳状。荚果长圆形，扁平。

分布：见于长汀、泰宁、三元、延平等地。生于山坡灌丛、疏林或溪边。

其他：茎皮纤维供编织，茎叶可洗疮毒。

中南鱼藤

中南鱼藤花

中南鱼藤果

山黑豆

Dumasia truncata

攀援： 以茎缠绕的方式攀援。

辨识： 茎纤细，通常无毛。叶具羽状 3 小叶，小叶两面无毛。总状花序长 1~4 厘米，花冠黄色或淡黄色，花柱纤细。荚果基部渐狭成短果颈，有种子 3~5 粒。

分布： 见于武夷山。生于山地路旁潮湿处。

 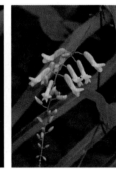

山黑豆叶背面　　　　　　　山黑豆花　　　山黑豆

长柄野扁豆

Dunbaria podocarpa

攀援： 以茎缠绕的方式攀援。

辨识： 小叶 3 片，顶生小叶菱形，侧生小叶斜卵形，两面密生短柔毛和锈色腺点。短总状花序腋生，花冠黄色。荚果密被灰色茸毛及腺点，果颈长 1.5~1.7 厘米。

分布： 见于华安等地。生于山坡或河边灌丛中。

其他： 全株药用，能消肿解毒，治咽喉痛。

长柄野扁豆

长柄野扁豆叶背面　　　　　长柄野扁豆花　　　　　长柄野扁豆果

圆叶野扁豆

Dunbaria rotundifolia

攀援：以茎缠绕的方式攀援。

辨识：茎纤细、柔弱。叶具羽状 3 小叶，顶生小叶通常长与宽相等；托叶小，早落。花 1~2 朵腋生，花冠黄色，子房无柄。荚果线状长椭圆形，无果颈。

分布：见于福安等地。生于山坡灌丛中和旷野草地上。

圆叶野扁豆

圆叶野扁豆叶背面

圆叶野扁豆花

野扁豆

Dunbaria villosa

攀援：以茎缠绕的方式攀援。

辨识：全株有锈色腺点。小叶 3 片，顶生小叶近菱形，侧生小叶偏斜。总状花序，花冠黄色。荚果条形，顶端具喙。

分布：产南靖等地。生于草丛或灌木丛中。

野扁豆

野扁豆叶背面

野扁豆果

榼藤

Entada phaseoloides

攀援： 以茎缠绕的方式攀援。

辨识： 小枝具条棱。二回羽状复叶，羽片 2 对，顶端 1 对羽片变为卷须；小叶 3~4 对；托叶线形。花序穗状；花细小而密集，白色。荚果木质，长可达 1 米。种子大，近圆形。

分布： 见于华安、蕉城等地。攀援在大乔木上。

其他： 全株有毒。树皮及种仁含皂素；茎皮浸液有催吐下泻之效，如误入眼中，可引起结膜炎。荚果巨大，可开发作亭廊绿化。

榼藤

榼藤茎

榼藤果和种子

山豆根

Euchresta japonica

攀援： 以气生根吸附的方式攀援。

辨识： 小叶 3 片，厚纸质；上面暗绿色，无毛；下面苍绿色，被短柔毛。总状花序；花萼杯状，长 2~5 毫米；花冠白色，旗瓣先端不下凹。果序长约 8 厘米，荚果椭圆形、黑色、光滑。

分布： 见于长汀、永安等地。生于山谷或山坡密林内。

其他： 国家 II 级重点保护野生植物。

山豆根

山豆根叶背面

山豆根果

千斤拔

Flemingia prostrata

攀援：以茎搭靠的方式攀援。

辨识：蔓性灌木。小叶较小，长6~10厘米，宽2~3厘米，质厚。总状花序腋生，花密生，花冠紫红色。荚果椭圆状，有种子2粒。

分布：见于厦门、云霄、新罗、平潭、将乐等地。生于山坡草地和灌丛中。

其他：根供药用，有祛风除湿、舒筋活络、强筋壮骨、消炎止痛等功效。

千斤拔

千斤拔叶背面

千斤拔花和果

乳豆

Galactia tenuiflora

攀援：以茎缠绕的方式攀援。

辨识：茎密被灰白色或灰黄色长柔毛。小叶较薄，纸质，下面密被灰白色或黄绿色长柔毛。花冠淡蓝色。荚果线形，长2~4厘米。

分布：见于莆田等地。生于林中或村边丘陵灌丛中。

乳豆攀援状

乳豆花和叶背面

乳豆果

野大豆

Glycine soja

攀援： 以茎缠绕的方式攀援。

辨识： 茎细弱，被黄色长硬毛。小叶3片，顶生小叶卵状披针形，两面被黄色柔毛。花小，紫红色。荚果近长圆形，微弯，密被黄色长硬毛。

分布： 见于武夷山等地。生于田边、山野或灌丛中。

其他： 本种是一重要的野生种质资源，在农业育种方面有重要价值，但由于土地的过度开发和植被的破坏，本种的自然分布区日益缩减，1999 年即被列为国家 II 级重点保护野生植物。其种子可供食用，还可榨油及药用，有强壮利尿、平肝敛汗的功效。茎叶可作饲料和肥料。

野大豆

野大豆叶背面

野大豆花

野大豆果

烟豆

Glycine tabacina

攀援： 以茎缠绕的方式攀援。

辨识： 茎纤细而匍匐，节明显。小叶 3 片，被紧贴的白色短柔毛。花冠紫色至淡紫色。荚果长圆形而劲直，在种子之间不溢缩。

分布： 见于湄洲岛、东山、平潭等地。生于海边岛屿的山坡或荒坡草地上。

其他： 国家 II 级重点保护野生植物。种子可供食用。

烟豆

烟豆叶背面

烟豆花

烟豆果

厚果崖豆藤

Millettia pachycarpa

攀援：以茎缠绕的方式攀援。

辨识：大型的攀援灌木。叶轴无小托叶，小叶下面被褐色绢毛。荚果肿胀，长圆形或卵圆形，长6~23厘米，直径约5厘米，密布疣状凸起。

分布：见于上杭、新罗、永安、延平等地。生于山间灌丛中、疏林中。各地也常见栽培。

其他：种子和根含鱼藤酮，磨粉可作杀虫药。茎皮纤维可供利用。另可开发作亭廊绿化。

厚果崖豆藤

厚果崖豆藤叶背面

厚果崖豆藤花

厚果崖豆藤果

疏叶崖豆

Millettia pulchra var. *laxior*

攀援：以茎搭靠的方式攀援。

辨识：直立或半攀援状灌木。叶轴有小托叶，小叶下面被灰色伏毛或毡毛。总状圆锥花序腋生，花冠淡红色至紫红色。荚果线状长椭圆形，初被灰黄色柔毛，后渐脱落。

分布：见于厦门、东山等地。生于山坡灌丛中、疏林下。

疏叶崖豆

疏叶崖豆叶背面

疏叶崖豆花

白花油麻藤

Mucuna birdwoodiana

攀援： 以茎缠绕的方式攀援。

辨识： 茎断面先流出白色汁液，2~3 分钟后汁液变为血红色。羽状复叶具 3 小叶，侧生小叶偏斜。花灰白色，长 7.5~8.5 厘米。荚果表面无斜褶，仅具短柔毛，沿两缝线有锐利的狭翅。

分布： 见于芗城、新罗、福安、延平等地。生于林下、山沟边。

其他： 藤药用，能补血、通经络、强筋骨；可作为庭园观赏植物。

白花油麻藤叶

白花油麻藤花　　　　　白花油麻藤果　　　　　白花油麻藤种子

油麻藤

Mucuna sempervirens

攀援： 以茎缠绕的方式攀援。

辨识： 多年生木质藤本。羽状复叶 3 小叶，侧生小叶极偏斜。总状花序生于老茎上，花暗紫色，长约 6.5 厘米。果木质，种子间缢缩，近念珠状。

分布： 见于南靖、沙县、延平等地。生于山地林边，缠绕于其他树上或附于岩石上。

其他： 全株药用。茎皮纤维可织麻袋及造纸，枝条可编箩筐，块根可提取淀粉，种子可供食用和榨油。是优良的庭园观赏植物。

油麻藤攀援状

油麻藤叶正面　　　　　油麻藤花　　　　　油麻藤果

南海藤

Nanhaia speciosa

攀援： 以茎搭靠的方式攀援。

辨识： 攀援灌木，嫩枝被褐色茸毛。羽状复叶，小叶 7~17 片。总状花序腋生，花序轴、花梗及花萼均密被茸毛，花冠白色。荚果条形，密被褐色茸毛。

分布： 见于浦城等地。生于灌丛、疏林和旷野中。

其他： 根富含淀粉，可酿酒；入药有通经活络、补虚润肺、健脾的功效。可开发观赏。

南海藤　　　　　　　　　　　　　　南海藤花

三裂叶野葛

Neustanthus phaseoloides

攀援： 以茎缠绕的方式攀援。

辨识： 茎纤细，长 2~4 米，被褐黄色、开展的长硬毛。羽状复叶具 3 小叶。花冠浅蓝或淡紫色；旗瓣近圆形，翼瓣倒卵状长椭圆形，较龙骨瓣稍长。荚果近圆柱状，初时稍被紧贴的长硬毛，后渐无毛而光滑。

三裂叶野葛

分布： 见于芗城等地。生于山地、丘陵的灌丛中。

其他： 可作覆盖植物、饲料和绿肥。

三裂叶野葛花　　　　三裂叶野葛果

阔裂叶龙须藤

Phanera apertilobata

攀援： 以卷须卷曲的方式攀援。

辨识： 叶顶端具短而宽的 2 裂，缺口阔甚至成弯缺状；嫩叶先端常不分裂而呈截形，老叶裂片为叶长的 1/6~1/4。伞房式总状花序腋生或 1~2 个顶生，花瓣白色或淡绿白色。荚果扁平、无毛。

分布： 见于南靖、泰宁、永泰、古田等地。生于山坡灌木丛中、林下。

阔裂叶龙须藤

阔裂叶龙须藤卷须

阔裂叶龙须藤叶背面

阔裂叶龙须藤花

龙须藤

Phanera championii

攀援： 以卷须卷曲的方式攀援。

辨识： 叶卵形或心形，顶端锐尖、钝头、微缺或 2 裂，缺口不超过叶长的 1/3。花序总状；花排列疏松，白色。荚果扁平，长圆形或带状，无毛。

分布： 全省习见。生于岩壁或铺散于乔木、灌木上。

其他： 木材可作细工用料，根和老藤供药用。

龙须藤

龙须藤叶正面

龙须藤卷须

龙须藤花

龙须藤果

老虎刺

Pterolobium punctatum

攀援：以茎搭靠的方式攀援。

辨识：枝条有棱，疏生倒钩刺。叶为二回偶数羽状复叶，互生；叶轴上有倒钩刺。花序总状；花瓣相等；雄蕊 10 枚，伸出花瓣外。荚果翅果状。

分布：见于永安、延平、永泰等地。生于山坡林下、路旁或宅旁。

其他：根、叶入药，具清热解毒、祛风除湿、消肿止痛之效。

老虎刺

老虎刺花　　　　　　老虎刺果

葛

Pueraria montana

攀援：以茎缠绕的方式攀援。

辨识：羽状复叶3小叶，小叶全缘，偶尔3浅裂，长大于宽。花苞片较小，花长1.2~1.5厘米；花冠紫色，翼瓣较龙骨瓣长；子房线形，被茸毛。荚果长椭圆形、扁平，被褐色长硬毛。

分布：全省习见。生于林缘、路边灌丛中或疏林下。

其他：根茎可提取淀粉食用或酿酒，茎皮纤维可织布，嫩茎叶可做饲料。

葛

葛花　　　　　　　　葛果

野葛

Pueraria montana var. *lobata*

攀援： 以茎缠绕的方式攀援。

辨识： 小叶有时 3 裂，长和宽近相等。总状花序腋生；花密集、紫色，翼瓣较龙骨瓣短；苞片线状披针形至线形，较小苞片长。荚果被黄褐色长硬毛。

分布： 见于南靖、平和、连城等地。生于林缘、路旁或疏林中。

其他： 茎皮纤维可织布和造纸，块根可制葛粉。葛根和花供药用，能解热、透疹、生津止渴、解毒、止泻。种子可榨油。

野葛开花状

野葛叶背面

野葛果

菱叶鹿藿

Rhynchosia dielsii

攀援： 以茎缠绕的方式攀援。

辨识： 顶生小叶广卵形或近菱状卵形，顶端渐尖，长4~10（12）厘米，宽2~7厘米，两面微被短柔毛。总状花序腋生，花疏生，黄色。荚果扁平，成熟时红紫色。

分布： 见于武平、建阳、武夷山等地。生于山坡杂木林下。

其他： 茎叶或根供药用，祛风解热。

菱叶鹿藿攀援状

菱叶鹿藿花

鹿藿

Rhynchosia volubilis

攀援： 以茎缠绕的方式攀援。

辨识： 顶生小叶卵状或菱形，长 2.5~6 厘米，宽 2~5.5 厘米，顶端钝或短急尖，两面密被白色长柔毛。花序总状；花排列稍密集，黄色。荚果长圆形，红紫色，极扁平。

分布： 见于延平、建阳等地。生于山坡灌丛、路旁草丛中。

其他： 果可食。根祛风和血、镇咳祛痰，可治风湿骨痛、气管炎；叶外用治疥疮。

鹿藿

鹿藿叶背面

鹿藿花

鹿藿果

羽叶儿茶

Senegalia pennata

攀援： 以茎搭靠的方式攀援。

辨识： 茎被多数倒生刺。叶为二回羽状复叶，羽片8~22对；小叶30~45对，线形，中脉靠近上部边缘，无柄；总叶柄基部及叶轴上部羽片着生处稍下均有凸起的腺体1枚。

分布： 见于华安、永春、莆田、新罗等地。生于山坡疏林或水边灌丛上。

羽叶儿茶

羽叶儿茶花

皱荚藤儿茶

Senegalia rugata

攀援： 以茎搭靠的方式攀援。

辨识： 叶二回羽状复叶，羽片6~10对或更多，小叶10~30对；叶脉偏斜，叶柄近基部有1枚黑色大腺体。花黄色或白色。荚果带形。

分布： 见于华安、新罗、连城等地。生于山坡杂木林、水沟边的灌丛上。

其他： 树皮含单宁。可入药，有解热散瘀的功效。

皱荚藤儿茶

皱荚藤儿茶果

蔓茎葫芦茶

Tadehagi pseudotriquetrum

攀援： 以茎搭靠的方式攀援。

辨识： 茎匍匐状。叶片较短且宽，卵形或卵状披针形，其长不及宽的3倍。总状花序顶生和腋生，花冠紫红色。荚果两面无毛，仅在两缝线密被白色缘毛。

分布： 见于晋安、平和、上杭等地。生于海拔500~2000米的山地疏林下。

蔓茎葫芦茶攀援状

蔓茎葫芦茶叶背面

广布野豌豆

Vicia cracca

攀援：以卷须卷曲的方式攀援。

辨识：偶数羽状复叶，小叶互生，5~12 对；叶轴顶端卷须发达；托叶半箭头形或戟形。总花梗长，花序有花 10~40 朵，密集排列。荚果先端有喙。

分布：见于武夷山。生于山坡、河滩草地及灌丛。

其他：可作绿肥，为早春蜜源。

广布野豌豆攀援状

广布野豌豆花

小巢菜

Vicia hirsuta

攀援：以卷须卷曲的方式攀援。

辨识：茎细弱。偶数羽状复叶，小叶4~8对，托叶线形。总状花序明显短于叶，花小，仅长 0.3~0.5厘米；花冠白色、淡蓝青色或紫白色。荚果被褐色长硬毛。

分布：全省习见。生于田边或路旁草丛。

其他：为绿肥及饲料，牲畜喜食。

小巢菜

小巢菜果

小巢菜攀援状

救荒野豌豆

Vicia sativa

攀援： 以卷须卷曲的方式攀援。

辨识： 偶数羽状复叶，小叶长椭圆形或心形，托叶戟形。花1~4朵，紫红色或红色，长18~30毫米。荚果成熟后黄色，种子间略缢缩。

分布： 全省习见。生于荒山、田边草丛。

其他： 为绿肥和优良牧草。

救荒野豌豆

救荒野豌豆叶背面

救荒野豌豆花

救荒野豌豆果和种子

四籽野豌豆

Vicia tetrasperma

攀援： 以卷须卷曲的方式攀援。

辨识： 茎纤细柔软有棱。偶数羽状复叶，小叶2~6对，托叶箭头形或半三角形。花序总状，有花1~2朵，其小，长仅约0.3厘米；花冠淡蓝色或带蓝、紫白色。荚果无毛。

分布： 见于延平等地。生于山谷、草地阳坡植物上。

其他： 为优良牧草，嫩叶可食。

四籽野豌豆

四籽野豌豆花

贼小豆

Vigna minima

攀援： 以茎缠绕的方式攀援。

辨识： 一年生缠绕草本，长 1~2 米，疏被倒生硬毛或近无毛。总状花序柔弱，花黄色。荚果长 5 厘米，无毛或疏被棕色硬毛，开裂后旋卷。

分布： 见于南靖、武夷山等地。生于山脚、路旁、山坡疏林下。

贼小豆

贼小豆叶背面

贼小豆花和果

贼小豆攀援状

野豇豆

Vigna vexillata

攀援： 以茎缠绕的方式攀援。

辨识： 多年生缠绕藤本，全株被棕色粗毛。根纺锤形，木质。羽状复叶 3 小叶，小叶形状变化较大。花淡紫红色。荚果直立，线状圆柱形，有棕色粗毛。

分布： 见于延平、建阳、武夷山等地。生于山坡、灌丛中、密林下或山间路旁。

其他： 根或全株入药，有清热解毒、消肿止痛、利咽喉的功效。民间以根代参作补气药，但并无人参的功效，应注意鉴别。

野豇豆

野豇豆果

野豇豆花和果

紫藤

Wisteria sinensis

紫藤

攀援： 以茎缠绕的方式攀援。

辨识： 木质、落叶大藤本。奇数羽状复叶，小叶7~13片。总状花序，下垂；花大，紫色或深紫色；旗瓣近圆形，基部具2枚胼胝状附属物。荚果扁平，长条形，密被短茸毛。

分布： 见于永安等地。生于沟谷林缘或溪边，厦门、芗城、泉港、晋安等地有栽培。

其他： 茎、皮及花供药用，能解毒、驱虫、止吐泻。茎强韧，可当绳索用；树皮内纤维为织物原料。本种是良好的庭院绿化植物。

紫藤叶正面

紫藤花

紫藤果

绿花夏藤

Wisteriopsis championii

绿花夏藤

攀援： 以茎缠绕的方式攀援。

辨识： 木质藤本。羽状复叶，小叶5~7片。圆锥花序顶生；花密集，单生，绿色，旗瓣无毛。荚果条形，无毛，成熟时暗褐色。

分布： 见于云霄、平和等地。生于山坡灌丛中或林中。

其他： 茎皮纤维可造纸、制人造棉及编织。根茎有毒，民间用于治跌打损伤。

绿花夏藤花

绿花夏藤叶背面

网络夏藤

Wisteriopsis reticulata

攀援： 以茎缠绕、搭靠的方式攀援。

辨识： 木质藤本。羽状复叶，小叶 7~9 片。圆锥花序顶生或着生枝梢叶腋；花密集，单生于分枝上，紫色或玫瑰红色。荚果线形，果瓣薄而硬。

分布： 见于南靖、泉港、武夷山等地。生于灌木丛中或疏林下。

其他： 茎皮纤维可造人造棉、造纸和编织。藤可药用，有散气、散风活血之效；根亦入药，有舒筋活血之效。还可作杀虫剂。也可开发观赏。

网络夏藤

网络夏藤叶正面

网络夏藤花

网络夏藤果和攀援状

蝉翼藤

Securidaca inappendiculata

攀援： 以茎搭靠的方式攀援。

辨识： 长达 6 米。单叶互生，椭圆形或倒卵状长圆形；侧脉 10~12 对，于边缘处网结。圆锥花序顶生或腋生；花小，花瓣 3 枚，淡紫红色，龙骨瓣近圆形，顶端具 1 兜状附属物。核果球形，顶端具革质翅。

分布： 见于云霄。生于沟谷密林中。

其他： 茎皮纤维坚韧，可作麻类的代用品。

蝉翼藤

蝉翼藤叶正面

银粉蔷薇

Rosa anemoniflora

攀援：以茎搭靠的方式攀援。

辨识：枝条仅具下弯皮刺。叶纸质，羽状复叶常有小叶3片，小叶披针形；托叶狭线形，大部分与叶柄合生。花单生或数朵成聚伞花序，花瓣红色。果圆球形，萼片脱落。

分布：见于延平、三元、芗城等地。生于山坡灌木丛中。

其他：国家Ⅱ级重点保护野生植物。花粉红色，花量大，可通过无性繁殖手段扩繁供观赏。

银粉蔷薇托叶

银粉蔷薇花

银粉蔷薇

小果蔷薇

Rosa cymosa

攀援：以茎搭靠的方式攀援。

辨识：枝条有下弯皮刺，无毛。羽状复叶通常有小叶5片；叶轴、叶柄有细皮刺；托叶披针形，与叶柄贴生，早落。伞房花序顶生，白色。果近圆球形，红色，萼片脱落。

分布：全省习见。生于山坡、路旁、田边、水沟边的灌木丛中。

其他：可开发作刺篱。

小果蔷薇叶背面和托叶

小果蔷薇花

小果蔷薇

小果蔷薇果

毛叶山木香

Rosa cymosa var. *puberula*

攀援：以茎搭靠的方式攀援。

辨识：小果蔷薇（*R. cymosa*）之变种。区别在于本种小枝、叶柄、叶轴及叶片两面密被短柔毛。

分布：见于永安、上杭。生于山坡灌木丛中。

其他：可开发作刺篱。

毛叶山木香　　　　　　　　　　　　　　毛叶山木香果

软条七蔷薇

Rosa henryi

攀援：以茎搭靠的方式攀援。

辨识：嫩枝红色，无毛。羽状复叶有小叶5片，小叶卵形；托叶线形，疏生睫毛状腺毛，与叶柄贴生。伞房花序多花，白色；花柱合生，与雄蕊近等长。果近球形，熟时红色。

分布：全省习见。生于山坡灌木丛中。

其他：可开发作刺篱。

软条七蔷薇攀援状

软条七蔷薇花　　　　　　软条七蔷薇果　　　　　　软条七蔷薇托叶

金樱子

Rosa laevigata

金樱子

攀援： 以茎搭靠的方式攀援。

辨识： 枝条有下弯皮刺。羽状复叶通常有小叶 3 片，纸质，卵形，边缘有细锯齿；托叶线形，与叶柄贴生，早落。花单生于侧枝顶端，白色，单瓣。果椭圆形，熟时橙黄色。

分布： 全省习见。常见于山坡、路旁、田边灌木丛中。

其他： 果实供药用，有强壮、收敛、镇咳之效。可开发作刺篱。

金樱子托叶

金樱子花

金樱子果

野蔷薇

Rosa multiflora

攀援： 以茎搭靠的方式攀援。

辨识： 羽状复叶有小叶 5~9 片，小叶倒卵状椭圆形；托叶线形，篦齿状细裂，与叶柄贴生。圆锥花序伞房状；花瓣白色或浅紫红色，单瓣，直径 1.5~2 厘米；花柱合生成柱状，与雄蕊近等长；花梗疏生柔毛和腺毛。果卵形，花萼脱落。

分布： 见于武夷山、福清、永泰、古田等地。生于山坡灌木丛中。

其他： 可开发作刺篱。

野蔷薇托叶

野蔷薇花

野蔷薇

野蔷薇果

粉团蔷薇

Rosa multiflora var. *cathayensis*

攀援：以茎搭靠的方式攀援。

辨识：野蔷薇（*R. multiflora*）之变种。区别在于花粉红色至紫红色，单瓣或重瓣；花直径 2~4 厘米；花梗无毛。

分布：全省习见。见于山坡路旁灌木丛中。

其他：花大而美丽，公园常见栽培，供观赏。

粉团蔷薇托叶

粉团蔷薇花

粉团蔷薇

腺毛莓

Rubus adenophorus

攀援：以茎搭靠的方式攀援。

辨识：植株背柔毛和腺毛。羽状复叶有小叶 3 片，小叶卵形，顶生小叶远较大；托叶线形，生于叶柄基部。花序总状，花瓣紫红色。聚合果球形，红色。

分布：全省习见。生于山坡灌木丛中。

腺毛莓

腺毛莓托叶

腺毛莓花

腺毛莓果

粗叶悬钩子

Rubus alceifolius

攀援： 以茎搭靠的方式攀援。

辨识： 植株密被黄色疏展柔毛。单叶，不整齐5~7浅裂，上面密生囊泡状小凸起，凸起上有1条刚毛；托叶羽状或近掌状细条裂。总状花序有花数朵。果红色。

分布： 见于平和、延平、武夷山等地。生于疏林中。

粗叶悬钩子

粗叶悬钩子托叶

粗叶悬钩子花

粗叶悬钩子果

周毛悬钩子

Rubus amphidasys

攀援： 以茎搭靠的方式攀援。

辨识： 植株密生柔毛和刚毛状头状腺毛，无刺。单叶，3~5浅裂或不裂；托叶羽状条裂。总状花序有花3~5朵。果暗红色。

分布： 见于泰宁、武夷山等地。生于疏林中。

周毛悬钩子

周毛悬钩子托叶

周毛悬钩子果

周毛悬钩子叶背面

寒莓

Rubus buergeri

攀援： 以茎搭靠的方式攀援。

辨识： 茎常伏地生根，疏生皮刺。叶近圆形，常 3~5 浅裂，叶基心形；托叶羽状，与叶柄离生。总状花序腋生，花冠白色，心皮、花柱无毛。聚合果近球形，暗红色。

分布： 全省习见。生于路旁、山谷。

寒莓

寒莓托叶

寒莓花

寒莓果

尾叶悬钩子

Rubus caudifolius

攀援： 以茎搭靠的方式攀援。

辨识： 嫩枝、叶背、花梗、苞片密被黄棕色毡茸毛。叶革质，披针形，侧脉 5~6 对；托叶条形，生于叶柄两侧枝条。总状花序顶生或腋生，花红色。聚合果近球形，黑紫色。

分布： 见于武夷山。生于山坡密林内，海拔分布较高。

尾叶悬钩子

尾叶悬钩子叶背面

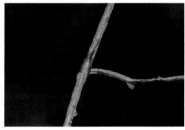
尾叶悬钩子托叶

掌叶覆盆子

Rubus chingii

攀援： 以茎搭靠的方式攀援。

辨识： 枝条无毛，散生皮刺。单叶，
掌状深裂，基部深心形，边缘
有重锯齿；托叶条形，与叶柄
贴生。花单朵，顶生，白色。
聚合果近球形，红色，密生灰
白色柔毛。

分布： 闽西北常见。生于山坡疏林中。

掌叶覆盆子

掌叶覆盆子花

掌叶覆盆子果

小柱悬钩子

Rubus columellaris

攀援： 以茎搭靠的方式攀援。

辨识： 枝条无毛。羽状复叶有
小叶 3 片，小叶卵形；
托叶条形，中部以下与
叶柄贴生。花多为单朵，
白色。聚合果橘红色，
宿存萼片与聚合果之间
有长 2~3 毫米的柱。

分布： 见于三元、延平等地。
生于山坡疏林中。

其他： 果味甜，可食用。

小柱悬钩子

小柱悬钩子托叶

小柱悬钩子花

山莓

Rubus corchorifolius

攀援：以茎搭靠的方式攀援。

辨识：嫩枝被柔毛，后脱落。叶卵形，偶有 3 浅裂；嫩叶被柔毛，后脱落；托叶条形，大部分与叶柄贴生。花单朵顶生或与叶对生，白色。聚合果近球形，红色，密被柔毛。

分布：全省习见。生于山坡疏林中。

其他：果味甜，可食用。

山莓

山莓花

山莓果

闽粤悬钩子

Rubus dunnii

攀援：以茎搭靠的方式攀援。

辨识：枝条密被灰白色绵毛。叶卵形，基部心形，叶背有土黄色毡茸毛；托叶条形，生于叶柄两侧枝条。总状花序顶生，花瓣白色，花萼密生柔毛。聚合果圆球形，黑紫色。

分布：见于平和、云霄等地。生于山坡灌木丛中。

闽粤悬钩子

闽粤悬钩子托叶

闽粤悬钩子叶背面

闽粤悬钩子花

闽粤悬钩子果

光叶闽粤悬钩子

Rubus dunnii var. *glabrescens*

攀援：以茎搭靠的方式攀援。

辨识：闽粤悬钩子（*R. dunnii*）之变种。区别在于本种叶片下面毛逐渐脱落，老叶两面无毛。

分布：见于芗城。生于山坡灌木丛中。

光叶闽粤悬钩子

光叶闽粤悬钩子托叶

光叶闽粤悬钩子果

福建悬钩子

Rubus fujianensis

攀援：以茎搭靠的方式攀援。

辨识：单叶，长圆形至长圆披针形，下面密被黄褐色绒毛；托叶长圆披针形或卵状披针形。花成顶生或腋生短总状花序，总花梗、花梗和花萼密被黄褐色茸毛状柔毛和针刺；花大，白色。果近球形，红色，无毛。

分布：见于南平、宁德等地。生于疏林中。

福建悬钩子

福建悬钩子叶背面

福建悬钩子托叶

福建悬钩子花

湖南悬钩子

Rubus hunanensis

攀援： 以茎搭靠的方式攀援。

辨识： 嫩枝密被土黄色柔毛。单叶，近圆形，有3~5浅圆裂；托叶掌状细条裂，早落。总状花序顶生或腋生，少花。果红色。

分布： 见于泰宁、武夷山等地。生于疏林中。

湖南悬钩子

湖南悬钩子托叶

湖南悬钩子花苞

湖南悬钩子果

灰毛藨

Rubus irenaeus

攀援： 以茎搭靠的方式攀援。

辨识： 枝条密生灰色微柔毛。单叶，下面密被土黄色糠秕状茸毛；托叶椭圆形，边缘有撕裂齿，早落。花单朵腋生或数朵顶生。果红色。

分布： 见于晋安、沙县、泰宁、武夷山等地。生于疏林中。

灰毛藨

灰毛藨叶背面

灰毛藨花

灰毛藨果

蒲桃叶悬钩子

Rubus jambosoides

攀援： 以茎搭靠的方式攀援。

辨识： 嫩枝无毛，稍被白粉。叶长圆形，顶端长渐尖，基部稍耳状，两面无毛，托叶早落。花单朵腋生，白色，花柱无毛。聚合果卵球形，红色，密被细柔毛。

分布： 见于诏安、漳平等地。

蒲桃叶悬钩子

蒲桃叶悬钩子花

蒲桃叶悬钩子果

常绿悬钩子

Rubus jianensis

攀援： 以茎搭靠的方式攀援。

辨识： 枝条无毛，散生皮刺。单叶，革质，长卵形或卵状披针形，顶端渐尖，基部心形；上面无毛，下面密被灰白色或浅灰黄色茸毛，沿叶脉稍具长柔毛；边缘具不整齐粗锐锯齿。圆锥花序顶生，花萼外密被浅黄色绢状长柔毛，常无花瓣。果半球形，熟时紫红色。

分布： 见于顺昌、古田、沙县、尤溪、延平、上杭等地。生于路边荒地及灌丛中。

常绿悬钩子

常绿悬钩子叶背面

常绿悬钩子托叶

高粱泡

Rubus lambertianus

攀援：以茎搭靠的方式攀援。

辨识：嫩枝被柔毛。单叶，3~5浅裂；嫩叶下面密被柔毛；托叶条状细裂。圆锥花序。果红色。

分布：全省习见。生于路边、村旁灌丛中。

高粱泡

高粱泡果

高粱泡托叶

高粱泡叶背面

白花悬钩子

Rubus leucanthus

攀援：以茎搭靠的方式攀援。

辨识：枝条无毛。羽状复叶有小叶3片，小叶卵形，顶生小叶与侧生小叶等大或稍大；托叶线形，基部与叶柄贴生。花序伞房状，2~5朵顶生，花瓣白色。聚合果球形，红色。

分布：见于芗城。生于山坡疏林中。

其他：果味甜，可食用。

白花悬钩子

白花悬钩子托叶

白花悬钩子花

白花悬钩子果

太平莓

Rubus pacificus

攀援：以茎搭靠的方式攀援。

辨识：枝条无毛，偶有散生细小皮刺。
叶卵状心形，叶背密被土黄色糠
秕状茸毛；托叶膜质，与叶柄离生，
早落。花 3~6 朵成总状花序顶生
或单朵腋生，白色。聚合果红色。

分布：见于延平、三元等地。常生于空
气湿度较大的林下。

太平莓

太平莓托叶

太平莓果

太平莓花

茅莓

Rubus parvifolius

攀援：以茎搭靠的方式攀援。

辨识：羽状复叶，小叶 3 片；小叶卵状
菱形，边缘浅裂，叶背密被灰白
色茸毛；托叶线形，早落。花数
朵顶生或生于近顶端叶腋，花瓣
红色。聚合果球形，红色。

分布：全省习见。生于灌木丛中。

茅莓

茅莓托叶

茅莓叶背面

茅莓花

茅莓果

梨叶悬钩子

Rubus pirifolius

攀援：以茎搭靠的方式攀援。

辨识：嫩枝被柔毛，疏生下弯皮刺。单叶，嫩叶两面被毛；托叶细条撕裂，早落。圆锥花序顶生。果红色，通常仅有3~5个小核果。

分布：见于南靖等地。生于疏林中。

梨叶悬钩子

梨叶悬钩子叶背面和托叶

梨叶悬钩子花

锈毛莓

Rubus reflexus

攀援：以茎搭靠的方式攀援。

辨识：枝条、叶柄、叶下面密生锈色茸毛。单叶，不裂至3~5浅裂；托叶卵圆形。总状花序短。果红色。

分布：见于连城、延平、光泽等地。生于疏林中。

锈毛莓

锈毛莓托叶

锈毛莓花

锈毛莓果

浅裂锈毛莓

Rubus reflexus var. *hui*

攀援： 以茎搭靠的方式攀援。

辨识： 枝条、叶柄、叶下面密生锈色茸毛。
单叶，阔卵形至近圆形，3~5浅裂，顶
生裂片与侧生裂片等长或稍长；托叶
生于叶柄基部，掌状撕裂。总状花序
短。果红色。

分布： 见于龙岩、南平、福州等地。生于山
坡灌丛、疏林湿润处或山谷溪流旁。

浅裂锈毛莓攀援状

浅裂锈毛莓叶背面和托叶

浅裂锈毛莓花苞

浅裂锈毛莓果

深裂锈毛莓

Rubus reflexus var. *lanceolobus*

攀援： 以茎搭靠的方式攀援。

辨识： 枝条、叶柄、叶下面密生锈色茸毛。
单叶，5~7深裂；托叶卵圆形。总状
花序短。果红色。

分布： 见于永安、漳平。生于疏林中。

深裂锈毛莓

深裂锈毛莓托叶

深裂锈毛莓花苞

深裂锈毛莓果

木莓

Rubus swinhoei

攀援： 以茎搭靠的方式攀援。

辨识： 叶椭圆形至披针形，两面无毛，但营养枝的叶背密被灰白色毡茸毛；托叶条形，生于叶柄两侧枝条，早落。花梗被头状腺毛，花瓣白色。聚合果圆球形，黑紫色，无毛。

分布： 全省习见。生于路边灌丛中。

木莓

木莓托叶

木莓花

木莓果

东南悬钩子

Rubus tsangiorum

攀援： 以茎搭靠的方式攀援。

辨识： 嫩枝密被柔毛和头状腺毛。单叶，近圆形，3~5浅裂，有头状腺毛；托叶掌状深裂。总状花序少花。果红色。

分布： 全省习见。生于疏林中。

东南悬钩子

东南悬钩子托叶

东南悬钩子花

东南悬钩子果

黄脉莓

Rubus xanthoneurus

攀援： 以茎搭靠的方式攀援。

辨识： 嫩枝密被土黄色绵毛。单叶，稍呈 3~5 浅裂，上面无毛，下面密被土黄色毡茸毛；托叶条状撕裂。花序总状或圆锥状。果红色。

分布： 见于三明、南平、宁德等地。生于疏林中。

黄脉莓

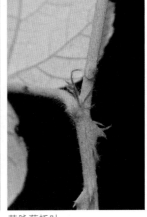
黄脉莓托叶

黄脉莓叶背面

九仙莓

Rubus yanyunii

攀援： 以茎搭靠的方式攀援。

辨识： 茎栗褐色，无毛，具疏细下弯皮刺。叶卵形，叶基心形，叶背苍灰色；托叶与叶柄贴生，早落。花单朵与叶对生或顶生，白色，雌蕊密被灰色茸毛。聚合果金黄色。

分布： 见于德化、上杭。分布于林缘灌丛。

九仙莓

九仙莓托叶

九仙莓花

九仙莓果

蔓胡颓子

Elaeagnus glabra

攀援：以茎搭靠的方式攀援。

辨识：茎无刺，鲜有刺，小枝密被锈色鳞片。叶薄革质，全缘，稍反卷；幼叶上表面具褐色鳞片，后脱落；叶下锈色鳞片不脱落。花淡白色，萼筒漏斗形。果长圆形。

分布：全省习见。生于灌丛或石头上。

其他：果可食，也可酿酒。果、根、叶药用，有收敛止泻、平喘止咳之效。可栽培供观赏。

蔓胡颓子叶背面

蔓胡颓子花

蔓胡颓子

蔓胡颓子果

多花勾儿茶

Berchemia floribunda

攀援：以茎搭靠的方式攀援。

辨识：叶纸质，卵形或卵状椭圆形，两面无毛，侧脉两面稍凸起。花通常数朵簇生排成顶生宽的聚伞圆锥花序，淡绿色。核果圆柱状椭圆形，成熟时红色，后变为黑色。

分布：全省习见。生于树上或石上。

其他：根入药，有祛风除湿的功效；嫩叶可代茶饮。

多花勾儿茶

多花勾儿茶花

多花勾儿茶果

牯岭勾儿茶

Berchemia kulingensis

攀援： 以茎搭靠的方式攀援。

辨识： 藤状或攀援灌木。叶纸质，卵状椭圆形或卵状长圆形，叶脉两面均明显且稍凸起，叶柄无毛。花绿色，2~3 个簇生排成疏散聚伞总状花序。果次年成熟，熟时黑紫色。

分布： 见于泰宁、武夷山等地。生于海拔 300~1500 米的山坡沟谷林中、林缘或沟谷灌丛中。

牯岭勾儿茶

牯岭勾儿茶叶背面

牯岭勾儿茶花

牯岭勾儿茶果

铁包金

Berchemia lineata

攀援： 以茎缠绕的方式攀援。

辨识： 藤状灌木或多分枝矮灌木。叶小，纸质，长圆形或椭圆形，侧脉 4~5 对。花通常数朵至 10 数朵密集成顶生聚伞总状花序。核果圆柱形，熟时黑色或紫黑色。

分布： 见于沿海各地。多生于沿海低山、丘陵的山野路边、灌丛中或开旷地。

其他： 根、叶药用，有止咳、祛痰、散瘀的功效，可治跌打损伤和蛇咬伤。盆栽供观赏。

铁包金

铁包金花

铁包金果

钩刺雀梅藤

Sageretia hamosa

攀援：以枝刺搭靠的方式攀援。

辨识：嫩枝红褐色，小枝常具钩状下弯的粗刺。叶革质，边缘具细微锯齿；侧脉 7~10 对，在上面明显下陷，下面凸起。花黄绿色。核果近球形，成熟时深红色或紫黑色，外面常被白粉。

分布：全省各地较常见。攀援于树上。

钩刺雀梅藤

钩刺雀梅藤倒钩刺

钩刺雀梅藤花

钩刺雀梅藤果

亮叶雀梅藤

Sageretia lucida

攀援：以枝刺搭靠的方式攀援。

辨识：嫩枝红褐色。叶革质，卵状长圆形或卵状椭圆形，边缘具细浅锯齿；侧脉在上面平，通常不下陷；花枝上的叶较小。花绿色，通常排成腋生短穗状花序；花瓣兜状，短于萼片。核果椭圆状卵形，较大，熟时红色。

分布：见于永泰、南靖等地。攀援于树上。

亮叶雀梅藤

亮叶雀梅藤果

刺藤子

Sageretia melliana

攀援： 以枝刺搭靠的方式攀援。

辨识： 嫩枝黄褐色，密被黄色短柔毛。叶革质，通常近对生，卵状椭圆形或长圆形，基部近圆形，稍不对称，侧脉上面明显凹下。花单生或数个簇生，白色。核果红色或淡红色。

分布： 见于上杭、连城、南靖等地。生于灌丛或石头上。

刺藤子

刺藤子叶背面

刺藤子果

雀梅藤

Sageretia thea

攀援： 以枝刺搭靠的方式攀援。

辨识： 嫩枝黄褐色，密被灰黄色短柔毛。叶薄革质或纸质，边缘具细锯齿，上面绿色，无毛。花2朵或数朵簇生，黄白色。核果近圆球形。种子扁平，两端微凹。

分布： 全省各地较常见。生于灌丛或石头上。

其他： 叶药用，治疮疡肿毒，可代茶饮。根降气化痰，治咳嗽。

雀梅藤

雀梅藤刺

雀梅藤花

雀梅藤果

葎草

Humulus scandens

攀援：茎缠绕，茎和叶柄生有倒钩刺可攀附。

辨识：叶对生或互生，常掌状 5 深裂，边缘有粗锯齿，上面极粗糙。雄花序圆锥状，花被淡黄绿色；雌花序短穗状，花被灰白色，每 2 朵具 1 枚苞片。

分布：全省习见。生于沟边、路旁、郊野及住宅附近。

其他：茎皮纤维代麻用。

葎草

葎草花　　　　　　　　　葎草攀援状和叶正面　葎草果

葡蟠

Broussonetia kaempferi

攀援：以茎缠绕的方式攀援。

辨识：蔓性灌木，枝显著地伸长而呈蔓性。叶卵形至狭卵形，上面稍被毛。雌雄异株，雄花序为圆柱状柔荑花序，雌花序头状。聚花果球形。

分布：见于南靖、厦门、三元、延平、连城等地。生于山坡灌丛中，常攀援于他物上。

其他：根、树汁、叶药用。根治黄疸型传染性肝炎、腰痛、跌打损伤，树汁治皮炎、牛皮癣，叶治疖肿、创伤出血。茎皮纤维可制人造棉、绳索和造纸。

葡蟠

葡蟠攀援状　　　　　　　葡蟠花　　　　　　　　葡蟠果

薜荔

Ficus pumila

攀援： 以气生根吸附的方式攀援。

辨识： 攀援或匍匐灌木，幼时以不定根攀援于墙壁或树上。叶通常二型，在营养枝上较小而薄，纸质或薄革质，心状卵形；在繁殖枝或老枝上则大而厚，革质，椭圆形、卵状椭圆形至长圆状椭圆形。花序托大，梨形或近梨形。

分布： 全省习见。生于旷野或攀援于残墙、破壁、树上。

其他： 果可制凉粉。茎皮纤维可制人造棉、绳索等，也可造纸。胶乳可提制橡胶。根、茎、藤、叶、果药用。另可栽培作垂直绿化。

薜荔

薜荔攀援状

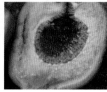
薜荔果（纵切）

薜荔果

爱玉子

Ficus pumila var. *awkeotsang*

攀援： 以气生根吸附的方式攀援。

辨识： 攀援或匍匐灌木，幼时以不定根攀援于墙壁或树上。叶长椭圆状卵形，下面密被锈褐色柔毛。花序托长椭圆形，两端稍尖，近无柄，成熟时黄绿色，表面有白色斑点。

分布： 见于福清、永泰。生于旷野或攀援于树上。

其他： 栽培作垂直绿化。果可食用。

爱玉子攀援状

爱玉子叶背面

爱玉子果（纵切）

爱玉子果

珍珠莲

Ficus sarmentosa var. *henryi*

攀援：以气生根吸附的方式攀援。

辨识：攀援灌木。叶革质，长圆状披针形、长椭圆形、长圆形或卵形，全缘，基部多为圆形。花序托无总梗或近无总梗。

分布：见于南靖、平和、新罗、晋安、三元、延平等地。生于山地、山谷林中。

其他：根药用，有祛风除湿、行气消肿的功效，可治风湿关节痛、脱臼。

珍珠莲叶背面　　　　　　珍珠莲

爬藤榕

Ficus sarmentosa var. *impressa*

攀援：以气生根吸附的方式攀援。

辨识：攀援灌木。叶革质，较小，椭圆状披针形或长椭圆形，顶端钝尖，基部急狭。榕果成对腋生或生于落叶枝叶腋，球形。

分布：见于南靖。攀援于石壁或树上。

爬藤榕　　　　　　　　　爬藤榕果

尾尖爬藤榕

Ficus sarmentosa var. *lacrymans*

攀援： 以气生根吸附的方式攀援。

辨识： 攀援灌木。叶革质，较小，灰绿色，披针形或椭圆状披针形，顶端渐尖或长渐尖，基部楔形，两面无毛。榕果成对腋生或生于落叶枝叶腋。

分布： 见于长汀、连城等地。常攀援于树干、屋墙或岩石上。

其他： 茎皮纤维可制人造棉和造纸，藤可制绳索。

尾尖爬藤榕

白背爬藤榕

Ficus sarmentosa var. *nipponica*

攀援： 以气生根吸附的方式攀援。

辨识： 攀援灌木。叶革质，长圆状披针形、长椭圆形、长圆形或卵形，全缘。花序托单生或成对腋生，球形；雄花和虫瘿花生于同一花序托中，雌花生于另一花序托中；花被均为4片，雄花的雄蕊2枚。

分布： 见于南靖、永安、延平、晋安、古田等地。生于山坡林中或攀援于石壁上。

其他： 茎皮纤维可制人造棉和造纸，全藤可制绳索。

白背爬藤榕叶背面　白背爬藤榕果　　　　白背爬藤榕

构棘

Maclura cochinchinensis

攀援： 以刺搭靠的方式攀援。

辨识： 直立或攀援状灌木。枝有粗壮、锐利、直或略弯的刺。叶革质，椭圆形、长椭圆形、狭倒卵形、倒卵状披针形或椭圆状卵形，全缘，两面无毛。雌雄异株，球形头状花序。聚合果肉质，成熟时橙红色。

分布： 全省习见。生于旷野、山地路旁、灌丛或疏林中。

其他： 茎皮纤维为制绳索和造纸的原料。成熟果可生食或酿酒。根药用，清热活血，舒筋活络。材煎汁，可制黄色染料。

构棘

构棘刺

构棘果

葫芦科　Cucurbitaceae

盒子草

Actinostemma tenerum

攀援： 以卷须卷曲的方式攀援。

辨识： 枝纤细。叶形变异大。卷须细，2 歧。果实绿色，卵形或长圆状椭圆形，自近中部盖裂，具种子 2~4 粒。

分布： 全省习见。缠绕于乔木、灌木或其他物体上。

其他： 种子及全草药用，有利尿消肿、清热解毒、祛湿之效。种子含油，可制肥皂，油饼可做肥料和猪饲料。

盒子草

盒子草攀援状

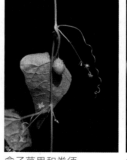
盒子草果和卷须

盒子草花

金瓜

Gymnopetalum chinense

攀援：以卷须卷曲的方式攀援。

辨识：茎、枝纤细。叶卵状心形，五角形或3~5中裂。卷须纤细，不分歧或2歧。花白色。果实长圆状卵形，橙红色。

分布：见于南靖、平和等地。缠绕于乔木、灌木或其他物体上。

金瓜

金瓜花

金瓜果

绞股蓝

Gynostemma pentaphyllum

攀援：以卷须卷曲的方式攀援。

辨识：茎细弱，具纵棱及槽，密被卷曲短柔毛。叶纸质，鸟足状，具3~9片小叶，通常5~7片小叶。果实肉质不裂，球形，成熟时黑色。

分布：全省习见。缠绕于乔木、灌木或其他物体上。

其他：全草入药，有消炎解毒、止咳祛痰之效。叶经加工炮制即为绞股蓝茶，兼具药用与保健的功能。

绞股蓝

绞股蓝叶背面和花

绞股蓝卷须

绞股蓝果

马铜铃

Hemsleya graciliflora

攀援：以卷须卷曲的方式攀援。

辨识：小枝纤细具棱槽，疏被微柔毛和细刺毛。卷须纤细，先端2歧。趾状复叶，常7片小叶。雌雄异株，花浅黄绿色。果实筒状倒圆锥形。

分布：见于政和。缠绕于乔木、灌木或其他物体上。

其他：果实作为土马兜铃入药，有化痰止咳的作用。

马铜铃

美洲马㼎儿

Melothria pendula

攀援：以卷须卷曲的方式攀援。

辨识：茎疏被长硬毛。叶多型，不分裂或3~5浅裂。花黄色。果实长圆形或狭卵形，成熟时黑色。

分布：见于芗城等地。缠绕于乔木、灌木或其他物体上。

其他：属于入侵性归化植物。

美洲马㼎儿　　　　　　　　　　美洲马㼎儿攀援状和叶背面　　美洲马㼎儿果

木鳖子

Momordica cochinchinensis

攀援：以卷须卷曲的方式攀援。

辨识：根块状。叶互生，宽卵状图形，3~5 中裂至深裂，有时不分裂。卷须单一，不分叉。花黄色。果卵球形，成熟时红色，肉质。

分布：全省零星散生。缠绕于乔木、灌木或其他物体上。

其他：种子称"木鳖子"，连同根、叶均可入药，有消肿、解毒、止痛之效；但种子有毒，应用时要注意。

木鳖子攀援状

木鳖子花

木鳖子果

罗汉果

Siraitia grosvenorii

攀援：以卷须卷曲的方式攀援。

辨识：根肥大，纺锤形。叶卵状心形、三角状卵形或阔卵状心形，卷须 2 歧。花黄色，被黑色腺点。果实球形或长圆形。

分布：见于建瓯等地。缠绕于乔木、灌木或其他物体上。

其他：果味甘甜，甜度比蔗糖高 150 倍；入药有润肺、祛痰、消渴之效，治慢性咽炎、慢性支气管炎等。可制清凉饮料，现已成为重要的经济植物。

罗汉果

罗汉果攀援状和果

茅瓜

Solena heterophylla

攀援： 以卷须卷曲的方式攀援。

辨识： 块根纺锤状，茎枝柔弱。叶形多变，不分裂或 3~5 浅裂至深裂。花小，黄色。果实长圆形或近球形，成熟时红褐色。

分布： 全省零星散生。缠绕于乔木、灌木或其他物体上。

其他： 块根药用，有清热解毒、消肿散结之效。

茅瓜花

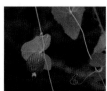
茅瓜果

茅瓜卷须

茅瓜攀援状

南赤瓟

Thladiantha nudiflora

攀援： 以卷须卷曲的方式攀援。

辨识： 全体密生柔毛状硬毛，根块状。叶大，卵状心形、宽卵状心形或近圆心形。卷须稍粗壮，上部 2 歧。花黄色，果实长圆形。

分布： 见于武夷山、永安等地。缠绕于乔木、灌木或其他物体上。

南赤瓟

南赤瓟花

南赤瓟果

台湾赤瓟

Thladiantha punctata

台湾赤瓟

攀援：以卷须卷曲的方式攀援。

辨识：全体几乎无毛。叶大，长卵形或长卵状披针形。卷须稍粗壮，单一。花黄色，果实卵形或长圆形。

分布：全省习见。缠绕于乔木、灌木或其他物体上。

台湾赤瓟攀援状

台湾赤瓟花

台湾赤瓟幼果

王瓜

Trichosanthes cucumeroides

王瓜

攀援：以卷须卷曲的方式攀援。

辨识：块根纺锤形，肥大。茎细弱，多分枝。叶阔卵形或近圆形，常 3~5 浅裂至深裂，或有时不分裂。花白色，裂片边缘具极长的丝状流苏。果卵圆形、卵状椭圆形或球形，成熟时橙红色，具喙。

分布：全省零星散生。缠绕于乔木、灌木或其他物体上。

王瓜果

王瓜花

栝楼

Trichosanthes kirilowii

攀援：以卷须卷曲的方式攀援。

辨识：块根圆柱状。茎多分枝。叶近圆形，常 3~5（7）浅裂至中裂，或不分裂。花白色，冠边缘具丝状流苏。果实椭圆形或圆形，长 7~10 厘米，成熟时黄褐色或橙黄色。

分布：全省零星散生。缠绕于乔木、灌木或其他物体上。

其他：根、果实、果皮及种子为中药的天花粉、栝楼、栝楼皮和栝楼子。根的蛋白称天花粉蛋白，有引产作用，是良好的避孕药。

栝楼

栝楼攀援状

栝楼花

栝楼叶背面

中华栝楼

Trichosanthes rosthornii

攀援：以卷须卷曲的方式攀援。

辨识：块根条状，肥厚。叶阔卵形至近圆形，3~7 深裂，通常 5 深裂，几达基部。花白色，裂片顶端具丝状长流苏。果球形或椭圆形，成熟时橙黄色。

分布：见于武夷山等地。缠绕于乔木、灌木或其他物体上。

其他：根和果实均作为天花粉和栝楼入药。

中华栝楼花

中华栝楼果

中华栝楼

钮子瓜

Zehneria bodinieri

攀援：以卷须卷曲的方式攀援。

辨识：茎枝纤弱，多分枝。叶宽卵形或三角状卵形，不分裂或有时 3~5 浅裂。卷须单一，丝状。花白色。果球形或卵形，果梗细。

分布：见于三元、武夷山等地。缠绕于乔木、灌木或其他物体上。

钮子瓜

钮子瓜攀援状

钮子瓜花

钮子瓜果

马㼎儿

Zehneria japonica

攀援：以卷须卷曲的方式攀援。

辨识：茎枝纤细。叶多型，不分裂或 3~5 浅裂。花淡黄色。果实长圆形或狭卵形，成熟时橘红色或红色，果梗纤细。

分布：全省习见。缠绕于乔木、灌木或其他物体上。

其他：全草药用，有清热、利尿、消肿之效。

马㼎儿

马㼎儿叶背面和果

马㼎儿花

过山枫

Celastrus aculeatus

攀援： 以茎缠绕的方式攀援。

辨识： 落叶藤状灌木。枝粗壮，无刺或疏生粗短刺，小枝幼时密生微柔毛或短糙毛。叶膜质或纸质，椭圆形或卵状椭圆形。聚伞花序腋生。蒴果 3~4 室，球形，种子每室 1 个。

分布： 全省习见。生于路旁灌丛中。

过山枫花

过山枫果

过山枫

大芽南蛇藤

Celastrus gemmatus

攀援： 以茎缠绕的方式攀援。

辨识： 落叶藤状灌木，无毛；冬芽大，长卵形。叶纸质，长圆形或椭圆形。花单性异株，雄花序腋生或呈顶生总状排列。果序有果 3~4 个，种子每室 1~2 粒。

分布： 见于德化、永安、泰宁、古田、武夷山等地。生于山坡路旁、溪谷岸边。

大芽南蛇藤

大芽南蛇藤花

大芽南蛇藤果

青江藤

Celastrus hindsii

攀援： 以茎缠绕的方式攀援。

辨识： 常绿藤状灌木。茎无毛，皮孔不明显。叶革质，长圆形或倒卵状长圆形。聚伞花序腋生、单生或总状排列于小枝上。蒴果近球形，果实1室，种子仅1粒。

分布： 见于厦门、芗城、莆田、晋安、蕉城等地。生于林缘或路旁灌丛中。

青江藤

青江藤攀援状

青江藤花

圆叶南蛇藤

Celastrus kusanoi

攀援： 以茎缠绕的方式攀援。

辨识： 攀援灌木。幼枝近圆柱形。叶纸质，阔椭圆形至近圆形，网脉疏散，两面均明显。聚伞花序腋生或顶生。

分布： 见于德化、上杭等地。生于林中。

圆叶南蛇藤

圆叶南蛇藤攀援状

圆叶南蛇藤花

圆叶南蛇藤果

独子藤

Celastrus monospermus

攀援：以茎缠绕的方式攀援。

辨识：常绿藤本，无毛，小枝有明显白色的皮孔。叶革质或厚革质，阔椭圆形或长圆形。聚伞花序腋生及顶生，花黄绿色或近白色。蒴果椭圆形，果实 1 室；种子仅 1 粒，假种皮橘红色。

分布：见于南靖、平和、永春、诏安等地。生于常绿阔叶林下。

独子藤花

独子藤果

独子藤

窄叶南蛇藤

Celastrus oblanceifolius

攀援：以茎缠绕的方式攀援。

辨识：落叶藤状灌木，被小刺毛；顶芽小，卵形。叶纸质，倒披针形，叶下面无毛或仅脉腋有簇毛。聚伞花序腋生。蒴果近球形，果2~3室，种子每室2粒。

分布：见于上杭、长汀、永泰、沙县、宁化、武夷山、光泽等地。生于山坡林缘或灌丛中。

窄叶南蛇藤

窄叶南蛇藤叶背面

窄叶南蛇藤果

短梗南蛇藤

Celastrus rosthornianus

攀援： 以茎缠绕的方式攀援。

辨识： 藤状灌木。叶膜质，椭圆形、长圆状椭圆形或倒卵状椭圆形，网脉两面均不明显。花单性异株，总花梗极短至无总花梗。

分布： 仅见于上杭。生于灌丛中。

其他： 根皮可治蛇伤和肿毒，茎皮和叶可作土农药。

短梗南蛇藤

短梗南蛇藤花

扶芳藤

Euonymus fortunei

攀援： 以气生根吸附的方式攀援。

辨识： 常绿或半常绿灌木。叶薄革质，边缘密生细锯齿，网脉不明显。聚伞花序二歧分枝，密集，分枝比花梗短。蒴果圆球形，顶端圆。

分布： 见于泰宁、建宁、延平等地。吸附于树干、石壁上或缠绕于灌木丛中。

其他： 茎叶供药用，有行气活血、舒筋散瘀、止血的功效，治肾虚腰痛、风湿关节痛等症。栽培用作垂直绿化。

扶芳藤

扶芳藤攀援状

扶芳藤花

扶芳藤果

变叶裸实

Gymnosporia diversifolia

攀援：以茎搭靠的方式攀援。

辨识：直立或稍蔓生的灌木。小枝顶端变成尖刺。叶薄革质，倒卵形或阔椭圆形。聚伞花序生于末端有刺的小枝上，单歧分枝；花小，白色，5 数。蒴果近球形。

分布：见于厦门、漳浦、福清等地。生于干燥的海边山坡灌丛中。

变叶裸实

变叶裸实叶背面

程香仔树

Loeseneriella concinna

攀援：以茎搭靠的方式攀援。

辨识：小枝具粗糙皮孔。叶长圆状椭圆形。聚伞花序腋生或顶生，花淡黄色。蒴果倒卵状椭圆形，顶端圆而微凹。

分布：见于厦门、芗城等地。搭靠于乔木、灌木上。

程香仔树

程香仔树攀援状

程香仔树花

程香仔树果

雷公藤

Triptergium wilfordii

攀援： 以茎缠绕的方式攀援。

辨识： 藤状灌木。叶纸质，椭圆形、阔椭圆形、阔卵形或卵状长圆形；两面除中脉及侧脉疏生短柔毛外，其余几无毛。聚伞花序呈总状排列，顶生，密生黄锈色短柔毛；花白色。翅果长圆状。

分布： 见于泰宁、建宁等地。生于路旁灌丛中。

其他： 全株均有剧毒，可制土农药。根（去外皮）也可供药用，但必须久煎且严格控制药量，并在医师指导下服用，以防中毒。

雷公藤

雷公藤叶正面

雷公藤叶背面

雷公藤花

雷公藤果

小叶红叶藤

Rourea microphylla

攀援： 以茎搭靠的方式攀援。

辨识： 嫩枝、新叶朱红色。奇数羽状复叶，小叶通常 9~11 片，卵形至椭圆形，基略偏斜。圆锥花序，丛生于叶腋内，花瓣白色、淡黄色或淡红色。蓇葖果椭圆状卵形，稍弯曲或直，成熟时黄绿色，沿腹缝线开裂。

分布： 见于芗城、厦门等地。搭靠于乔木、灌木或其他物体上。

其他： 新叶红色，可栽培观赏。

小叶红叶藤

小叶红叶藤果

小叶红叶藤叶

小叶红叶藤花

牛栓藤科 Connaraceae

红叶藤

Rourea minor

攀援：以茎搭靠的方式攀援。

辨识：羽状复叶有小叶 3~5（7）片，小叶卵形至椭圆形，基部稍偏斜，全缘。圆锥花序腋生，花瓣白色或黄色。果弯月状椭圆形，沿腹缝线开裂。

分布：见于蕉城、永泰。搭靠于乔木、灌木或其他物体上。

其他：新叶红色，可栽培观赏。

红叶藤

风筝果

Hiptage benghalensis

攀援：以茎搭靠的方式攀援。

辨识：叶对生，革质，卵状长圆形，幼叶两面多少被"丁"字毛，后变近无毛。总状花序密被"丁"字毛，花浅粉红色。翅果具翅 3 枚，中间的 1 枚较大。

分布：闽东南常见。多生于海拔 300 米以下的向阳山坡岩隙灌丛间或林缘。

其他：花果奇特，可开发观赏。

风筝果

风筝果叶背面

风筝果花

风筝果果

西番莲科

Passifloraceae

鸡蛋果

Passiflora edulis

鸡蛋果

攀援：以卷须卷曲的方式攀援。

辨识：嫩茎四棱形。叶掌状 3 深裂，中间裂片较大。花单朵腋生，芳香；萼片绿色，花瓣白带紫绿色；副花冠丝状体多数，3 轮排列，白色。浆果卵球形，成熟时黄带紫色。

分布：逸为野生，见于厦门、芗城等地。缠绕于乔木、灌木或其他物体上。

其他：鸡蛋果可生食，其制成的夏季清凉饮料，清香宜人。可栽培观赏。

鸡蛋果卷须

鸡蛋果花

鸡蛋果果

龙珠果

Passiflora foetida

攀援：以卷须卷曲的方式攀援。

辨识：茎密被平展柔毛。叶 3 浅裂，被具腺头的缘毛。花白色或淡紫色；苞片多回羽状细裂，细裂的顶端带腺头；副花冠由 3 轮的细裂片组成。浆果卵形或球形。

分布：逸为野生，见于厦门、芗城等地。缠绕于乔木、灌木或其他物体上。

其他：果味甜，可食。

龙珠果

龙珠果花

龙珠果果

细柱西番莲

Passiflora suberosa

攀援： 以卷须卷曲的方式攀援。

辨识： 叶互生，3 浅裂，中央裂片较长，卷须自叶腋处长出。花腋生，花冠浅绿色，副花冠线状。果实成熟时黑紫色。

分布： 逸为野生，见于厦门、福清、平潭、秀屿等地。缠绕于乔木、灌木或其他物体上。

其他： 花形奇特，花色艳丽，用作园林观赏。

细柱西番莲攀援状

细柱西番莲花

细柱西番莲果

杠香藤

Mallotus repandus var. *chrysocarpus*

攀援： 以茎搭靠的方式攀援。

辨识： 茎幼时被黄褐色星状茸毛，后光滑。叶互生，纸质，卵形或三角状卵形，叶背具黄色腺点。花单性，雌雄异株。蒴果球形，密被黄褐色茸毛，成熟开裂为 3 个分果。

分布： 全省习见。生于阳光充足的山路旁或山坡石缝中。

其他： 茎皮纤维可制绳索与人造棉。

杠香藤攀援状

杠香藤雌花

杠香藤雄花

杠香藤果

使君子

Quisqualis indica

攀援： 以茎搭靠的方式攀援。

辨识： 小枝被棕黄色短柔毛。叶对生或近对生，表面无毛；叶柄无关节，幼时密生锈色柔毛。顶生穗状花序，组成伞房花序式；花瓣5枚，初为白色，后转淡红色。果卵形，熟时外果皮脆薄，青黑色或栗色。

分布： 全省习见。搭靠于乔木、灌木或其他物体上。

其他： 种子为中药中最有效的驱蛔虫药之一，对小儿寄生蛔虫症疗效尤著。

使君子

使君子叶背面　　　使君子叶正面　　　　　　使君子花

刺果毒漆藤

Toxicodendron radicans subsp. *hispidum*

攀援： 以茎搭靠的方式攀援。

辨识： 小枝棕褐色，幼枝被锈色柔毛。掌状3小叶，上面微被柔毛或几无毛，下面被短柔毛。总状花序腋生，花冠粉红色或淡紫色。核果斜卵形，外果皮黄色，被刺毛。

分布： 见于华安、武夷山等地。攀援于山顶或林缘灌丛中。

其他： 本种乳液极毒，易引起漆疮。

刺果毒漆藤花　　　　　　　刺果毒漆藤

倒地铃

Cardiospermum halicacabum

倒地铃

攀援：以茎缠绕的方式攀援。

辨识：茎有5棱或6棱和同数的直槽，棱上被柔毛。二回三出复叶。圆锥花序，花瓣乳白色。蒴果梨形、陀螺状倒三角形或有时近长球形，褐色。种子黑色。

分布：全省习见。攀援于路边、田野、灌丛等地。

其他：可盆栽观赏。

倒地铃叶正面

倒地铃花

倒地铃果

飞龙掌血

Toddalia asiatica

飞龙掌血

攀援：以茎搭靠的方式攀援。

辨识：茎枝、叶轴有向下弯的皮刺。3小叶，密生可见的透明油点。花淡黄白色。果橙红色或朱红色。

分布：全省习见。常见于次生林中的山坡、灌丛。

其他：全株入药，多用其根，有活血散瘀、祛风除湿、消肿止痛之效。

飞龙掌血茎

飞龙掌血花

飞龙掌血果

两面针

Zanthoxylum nitidum

两面针

攀援： 以茎搭靠的方式攀援。

辨识： 植株幼龄为直立灌木，小叶两面常具尖锐皮刺；成龄为攀援木质藤本，皮刺稀疏或无。花序腋生，花瓣淡黄绿色。果红褐色。

分布： 福建中、南部习见。常攀援于林下灌丛、疏林中。

其他： 本种有小毒。全株药用，有活血散瘀、消肿止痛等功效。

两面针叶背面

两面针花

两面针果

花椒簕

Zanthoxylum scandens

花椒簕

攀援： 以茎搭靠的方式攀援。

辨识： 幼株呈直立灌木状，成龄植株攀援于它树上。奇数羽状复叶，有小叶 5~25 片，顶端钝，微凹。花序腋生或兼有顶生，萼片淡紫绿色，花瓣淡黄绿色。分果瓣紫红色，干后灰褐色或乌黑色。

分布： 全省习见。攀援于山坡灌木丛或疏林下。

花椒簕攀援状

花椒簕花

花椒簕果

刺果藤

Byttneria grandifolia

攀援：以茎搭靠的方式攀援。

辨识：木质大藤本。叶互生，广卵形，基部心形，全缘，基出脉 5 条，在下面明显隆起。花小，排成聚伞花序，淡黄色。蒴果圆球形，直径 3~4 厘米，具短而粗的刺。

分布：见于芗城。多生于低海拔的山地疏林中或山坡沟谷溪旁的岩隙间。

其他：叶大浓绿，可用作亭廊绿化。

刺果藤

刺果藤花

刺果藤果

独行千里

Capparis acutifolia

攀援：以茎缠绕或搭靠的方式攀援。

辨识：幼枝、叶柄、花梗被污黄色柔毛。枝具下弯短刺或有时无刺。叶长圆状披针形至卵状披针形。花白色。浆果球形或椭圆状球形，熟时褐红色。

分布：见于永安、延平、浦城等地。搭靠于乔木、灌木上。

其他：根药用，有消炎解毒、镇痛止咳的功效。可开发观赏。

独行千里花

独行千里果

独行千里

广州山柑

Capparis cantoniensis

攀援：以茎搭靠的方式攀援。

辨识：枝具下弯或平展的小硬刺。叶长圆形或椭圆状披针形。花白色，雄蕊约 25 枚，花丝长。浆果球形或近椭球形，直径 6~10 毫米。

分布：见于长乐、晋安等地。搭靠于乔木、灌木上。

其他：根、藤入药，有清热解毒、镇痛止咳的功效。

广州山柑

广州山柑叶正面

广州山柑花

广州山柑果

寄生藤

Dendrotrophe varians

攀援：以茎缠绕的方式攀援。

辨识：半寄生型藤状灌木，常寄生于其他植物的地下茎或根上。叶略厚，倒卵形，全缘，两面无毛；基生脉 3 条，弧形。花单性，异株。核果卵形，带红色。

分布：见于龙岩、三明、仙游、华安等地。

其他：全株药用，有消肿止痛的功效，可治刀伤、跌打损伤。

寄生藤

寄生藤花

寄生藤攀援状

寄生藤果

檀香科 Santalaceae

杠板归

Persicaria perfoliata

攀援：以茎和叶的倒钩刺攀援。

辨识：茎四棱形，棱上被倒生小钩刺。叶三角形，叶柄盾状着生；托叶鞘叶状，绿色，圆形，茎贯穿其中。花白色，穗状花序。瘦果圆球形，包藏于蓝黑色肉质的花被内。

分布：全省习见。生于路边灌丛、沟边。

其他：全草入药。加工后可食用。叶可制取靛蓝。

杠板归

杠板归叶正面

杠板归叶背面

杠板归花

杠板归果

刺蓼

Persicaria senticosa

攀援：以茎和叶的倒钩刺攀援。

辨识：茎四棱形，棱上具倒生小钩刺。叶三角形或三角状戟形，基部戟形或近心形；托叶鞘下半部筒状，上半部叶状，绿色。花淡红色，头状花序。瘦果近圆球形，黑色。

分布：全省习见。生于路旁草丛中、沟边或林下。

刺蓼

刺蓼茎刺和托叶

刺蓼花

糙毛蓼

Persicaria strigosa

攀援： 以茎和叶的倒钩刺攀援。

辨识： 茎上有倒钩刺。叶基部近
　　　心形或截形，边缘和中脉
　　　具倒钩刺；托叶鞘筒状，
　　　膜质，被倒生小钩刺或刺
　　　状毛，顶端截形，具缘毛。
　　　花粉红色，头状花序，苞
　　　片斜漏斗状。瘦果具3棱，
　　　黑色。

分布： 见于南靖。生于林下湿地。

糙毛蓼攀援状

糙毛蓼叶正面和托叶

糙毛蓼花

戟叶蓼

Persicaria thunbergii

攀援： 以茎和叶柄的倒钩刺攀援。

辨识： 茎四棱形，具纵条纹，散生倒钩刺。叶戟形或卵
　　　状三角形，基部截形，叶柄具小钩刺；托叶鞘斜
　　　形，膜质，顶端常浅齿裂，疏生缘毛。花白色，
　　　头状花序。瘦果具3棱，黄褐色，包藏于花被内。

分布： 见于上杭、永安等地。生于山谷湿地和沟旁溪边。

其他： 嫩叶可炒食，果实淀粉可制糕饼。

戟叶蓼

戟叶蓼茎刺

戟叶蓼托叶

戟叶蓼叶正面

戟叶蓼花

落葵科 Basellaceae

何首乌

Pleuropterus multiflorus

攀援：以茎缠绕的方式攀援。

辨识：有肉质肥厚块根。无刺。叶卵状心形，托叶鞘筒状，
　　　膜质，易破裂。花白色，苞片斜漏斗状，花梗下部
　　　具关节；花被裂片大小不等，外轮 3 片背部具翅。
　　　瘦果具 3 棱，包藏于增大翅状的花被内。

分布：全省各地逸为半野生。生于路边灌丛。

其他：块根为滋补强壮剂。

何首乌花　　　　　　何首乌果　　　　　　何首乌攀援状

落葵薯

Anredera cordifolia

攀援：以茎缠绕的方式攀援。

辨识：具根状块茎；地上茎多分枝，通常具粗大皮孔。叶肉质或
　　　近肉质，叶腋偶生珠芽。花小，淡绿色或近白色，排成顶
　　　生或腋生的总状花序。

分布：逸为野生，全省习见。缠绕于乔
　　　木、灌木或其他物体上。

其他：块茎入药，厦门民间外用治跌打
　　　损伤和风湿性关节炎。

落葵薯

落葵薯花

落葵薯叶背面和珠芽

落葵

Basella alba

攀援： 以茎缠绕的方式攀援。

辨识： 茎肉质，具分枝。叶肉质，
阔卵形或近圆形，基部浅
心形或圆形；叶柄长，通
常紫色。穗状花序腋生，
花被片淡红色或淡紫色。
果近球形或略扁，包藏于
暗紫色肉质多汁的小苞片
及花被内。

分布： 原产于热带地区，现逸为
野生，全省习见。缠绕于
乔木、灌木或其他物体上。

其他： 茎叶药用，亦可作蔬菜，
俗称木耳菜，或供观赏用。

落葵

落葵花

落葵果

星毛冠盖藤

Pileostegia tomentella

攀援： 以气生根吸附的方式攀援。

辨识： 嫩枝、叶下面和花序均密被淡褐
色或锈色星状柔毛。叶对生，长
圆形或倒卵状长圆形。花白色。
蒴果陀螺状。

分布： 见于平和、晋安、武夷山等地。
攀援于树上或石上。

星毛冠盖藤

星毛冠盖藤叶背面

星毛冠盖藤花

星毛冠盖藤果

绣球科 Hydrangeaceae

冠盖藤

Pileostegia viburnoides

攀援： 以气生根吸附的方式攀援。

辨识： 小枝圆柱形，无毛。叶对生，椭圆状倒披针形或长椭圆形，基部楔形或阔楔形。伞房状圆锥花序顶生，花白色。蒴果圆锥形。

分布： 见于长汀、延平、武夷山等地。攀援于树上或石上。

其他： 全株药用，有活血、散瘀、接骨之效，治跌打、骨折及腰腿酸痛。

冠盖藤

冠盖藤花

冠盖藤果

钻地风

Schizophragma integrifolium

攀援： 以气生根吸附的方式攀援。

辨识： 叶椭圆形、长椭圆形或阔卵形。伞房状聚伞花序密被褐色短柔毛；不育花萼片单生或偶有2~3片聚生于花柄上，黄白色。蒴果钟状或陀螺状，较小。

分布： 全省习见。攀援于岩石或乔木上。

其他： 根藤有祛风活血、舒筋之效。

钻地风

钻地风不育花萼片

钻地风果

粉绿钻地风

Schizophragma integrifolium var. *glaucescens*

攀援：以气生根吸附的方式攀援。

辨识：叶片下面呈粉绿色，脉腋间常有髯毛。伞房状聚伞花序密被褐色短柔毛；不育花萼片单生或偶有 2~3 片聚生于花柄上，黄白色。蒴果钟状或陀螺状，较小。

分布：见于武夷山、永泰等地。攀援于岩石或乔木上。

粉绿钻地风　　　　　　　　　　　　　　粉绿钻地风叶背面

酸藤子

Embelia laeta

攀援：以茎搭靠的方式攀援。

辨识：小枝无毛。叶全缘，倒卵形或倒卵状椭圆形。总状花序腋生或侧生，花 4 数，花瓣白色或带黄色。果球形。

分布：见于诏安、厦门、华安等地。攀援于林下、灌丛、路边。

其他：果实成熟可以食用，有强壮补血的功效；嫩芽和叶亦可生食，味酸。

酸藤子攀援状

酸藤子叶正面　　　　　　酸藤子花　　　　　　酸藤子果

当归藤

Embelia parviflora

攀援：以茎搭靠的方式攀援。

辨识：小枝密被锈色长柔毛。叶全缘，卵状三角形或近长圆形。亚伞形花序或聚伞花序腋生，花5数，花瓣白色或黄色。果球形，暗红色。

分布：见于南靖、福清、延平等地。攀援于林下、灌丛、路边。

其他：根与老藤供药用，有当归的作用，故名当归藤。

当归藤

当归藤花

当归藤果

白花酸藤果

Embelia ribes

攀援：以茎搭靠的方式攀援。

辨识：小枝无毛，叶全缘。圆锥花序顶生，花5数，花瓣淡绿色或白色。果球形或卵形，红色或深紫色，无毛。

分布：见于南靖、厦门等地。攀援于林下、灌丛、路边。

白花酸藤果

白花酸藤果花

白花酸藤果果

平叶酸藤子

Embelia undulata

攀援：以茎搭靠的方式攀援。

辨识：小枝无毛。叶全缘，倒披针形或狭倒卵形。总状花序腋生，花4数，花瓣淡绿色或黄白色。果扁球形，深红色。

分布：全省较常见。攀援于林下、灌丛、路边。

其他：果实成熟可以食用，味道酸甜。

平叶酸藤子攀援状

平叶酸藤子叶正面

平叶酸藤子果

密齿酸藤子

Embelia vestita

攀援：以茎搭靠的方式攀援。

辨识：小枝无毛。叶边缘具细或粗锯齿，卵状三角形或近长圆形，侧脉多数且直达齿尖。总状花序腋生，花瓣淡绿色或白色。果球形或略扁，红色。

分布：全省习见。攀援于林下、灌丛、路边。

密齿酸藤子花

密齿酸藤子果

密齿酸藤子

软枣猕猴桃

Actinidia arguta

攀援： 以茎缠绕的方式攀援。

辨识： 髓心层片状，白色至淡褐色。叶阔椭圆形至倒阔卵形。花绿白色。浆果柱状长圆形或圆球形，长 2~3 厘米，成熟时黄绿色，无毛，无斑点。

分布： 见于泰宁、武夷山等地。缠绕于乔木、灌木上。

其他： 国家Ⅱ级重点保护野生植物。蜜源植物。花可提制香油精，供食品工业用。果可生食、酿酒或加工成蜜饯、果脯等。果入药，有滋补、强壮、解热、收敛的功效。

软枣猕猴桃

软枣猕猴桃茎髓　　　　软枣猕猴桃花

异色猕猴桃

Actinidia callosa var. *discolor*

攀援： 以茎缠绕的方式攀援。

辨识： 髓通常实心，淡褐色。叶倒卵形或椭圆形，两面无毛。花白色，花药黄色。浆果卵球形、椭圆形，长 1.5~2 厘米，无毛，绿褐色，有显著的灰褐色斑点。

分布： 全省习见。缠绕于乔木、灌木上。

异色猕猴桃

异色猕猴桃叶背面　　　　异色猕猴桃花　　　　异色猕猴桃果

中华猕猴桃

Actinidia chinensis

攀援： 以茎缠绕的方式攀援。

辨识： 小枝和叶柄密被灰色茸毛；髓大，层片状，白色至淡褐色。叶纸质，倒阔卵形，叶背密被灰色星状茸毛。聚伞花序 1~3 花，初放时白色，后变淡黄色。浆果近球形，长 4~5 厘米，宽达 4 厘米，疏被短茸毛，具斑点。

分布： 闽西北习见。生于海拔 500~1400 米的山谷林缘或山坡灌丛中。

其他： 国家 II 级重点保护野生植物。果可生食，可制果酱、果脯等。全株入药，清热利水、散瘀止血。

中华猕猴桃花

中华猕猴桃果

中华猕猴桃叶正面

毛花猕猴桃

Actinidia eriantha

攀援： 以茎缠绕的方式攀援。

辨识： 小枝连同叶柄密被乳白色的绵毛状茸毛；髓心层片状，白色。叶厚纸质，卵形，叶背密被星状厚茸毛。聚伞花序腋生，花橙黄色。浆果柱状，密被乳白色长茸毛。

分布： 全省习见。常见于林缘、溪边、山坡路旁或疏林灌丛中。

其他： 根、叶药用，有清热利湿、消肿解毒的功效。果可生食。

毛花猕猴桃

毛花猕猴桃叶正面

毛花猕猴桃叶背面

毛花猕猴桃花

毛花猕猴桃果

黄毛猕猴桃

Actinidia fulvicoma

黄毛猕猴桃

攀援： 以茎缠绕的方式攀援。

辨识： 半常绿藤本。髓心层片状，白色。叶卵状长圆形或卵状阔披针形。花白色，花药黄色。浆果卵状圆柱形或卵球形，长 1.5~2.5 厘米，成熟时几无毛或疏被棕黄色茸毛，暗绿色，有黄锈色斑点。

分布： 见于平和、南靖、永定、大田等地。缠绕于乔木、灌木上。

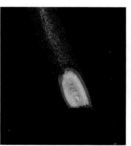
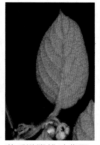

黄毛猕猴桃茎髓　　黄毛猕猴桃叶背面　　黄毛猕猴桃花

长叶猕猴桃

Actinidia hemsleyana

攀援： 以茎缠绕的方式攀援。

辨识： 枝二型，通常扭曲的不育长枝密被棕褐色长刚毛；髓心层片状。叶长方状倒披针形或长方状椭圆形。花淡红色。浆果圆柱形或卵状圆柱形，密被黄褐色刚毛状茸毛，后变无毛，有棕黄色斑点。

分布： 见于仙游、连城、永安、屏南等地。缠绕于乔木、灌木上。

其他： 果可生食。

长叶猕猴桃

长叶猕猴桃茎　　长叶猕猴桃攀援状　　长叶猕猴桃花　　长叶猕猴桃果

小叶猕猴桃

Actinidia lanceolata

攀援：以茎缠绕的方式攀援。

辨识：髓心层片状，褐色。叶椭圆状披针形或倒卵状披针形。花淡绿色，花药黄色。浆果球形、卵球形或倒卵球形，长 8~10 毫米，成熟时暗绿色，无毛，有淡褐色斑点。

分布：见于永安、沙县、罗源、古田、屏南等地。缠绕于乔木、灌木上。

小叶猕猴桃

小叶猕猴桃茎髓

小叶猕猴桃花

小叶猕猴桃果

阔叶猕猴桃

Actinidia latifolia

攀援：以茎缠绕的方式攀援。

辨识：髓心实或稍呈层片状，淡白色，老时常变中空。叶阔卵形或长圆状卵形至近圆形。花白色，中央橙黄色。浆果球形至柱状长圆形，长 1.5~3 厘米，成熟时暗绿色，具淡黄色至棕黄色斑点。

分布：见于罗源、云霄等地。缠绕于乔木、灌木上。

其他：蜜源植物，果可食，藤浸汁可作造纸的胶料。

阔叶猕猴桃

阔叶猕猴桃茎髓

阔叶猕猴桃花

阔叶猕猴桃果

黑蕊猕猴桃

Actinidia melanandra

攀援： 以茎缠绕的方式攀援。

辨识： 髓心层片状，灰褐色。
叶椭圆形，背面被白粉。
花绿白色，花药黑色。
浆果长卵形或卵状椭圆
形，无毛，不具斑点。

分布： 见于建宁、建阳、武夷
山等地。缠绕于乔木、
灌木上。

黑蕊猕猴桃

黑蕊猕猴桃叶背面

黑蕊猕猴桃花

葛枣猕猴桃

Actinidia polygama

攀援： 以茎缠绕的方式攀援。

辨识： 髓心实，白色。叶卵形或卵状椭圆形。
花白色，花药黄色。浆果卵球形或柱状
卵球形，长 2~3 厘米，成熟时橙黄色，
无毛，无斑点，顶端具喙。

分布： 见于浦城等地。缠绕于乔木、灌木上。

其他： 果酸甜，可生食或酿酒。茎中含黏液，
可提取造纸黏剂。嫩叶可作蔬菜。

葛枣猕猴桃攀援状

葛枣猕猴桃叶正面

葛枣猕猴桃花

葛枣猕猴桃果

清风藤猕猴桃

Actinidia sabiifolia

攀援：以茎缠绕的方式攀援。

辨识：髓小，层片状，褐色。叶卵形、卵状椭圆形或近圆形，两面无毛。花白色，花药黄色。浆果卵球形至倒卵形，长1.2~1.8厘米，成熟时暗绿色，无毛，具灰白色斑点。

分布：见于延平、建阳、武夷山、光泽等地。缠绕于乔木、灌木上。

清风藤猕猴桃

清风藤猕猴桃花

清风藤猕猴桃果

安息香猕猴桃

Actinidia styracifolia

攀援：以茎缠绕的方式攀援。

辨识：髓心层片状，白色。叶椭圆状卵形至倒卵形。花淡黄色，中央橙红色，花药黄色。浆果圆柱形或倒卵状圆柱形，长15~22毫米，密被锈棕色茸毛，后渐脱落至近无毛，暗绿色，有淡黄色斑点。

分布：见于新罗、泰宁、屏南、延平等地。缠绕于乔木、灌木上。

安息香猕猴桃

安息香猕猴桃叶背面

安息香猕猴桃茎髓

定心藤

Mappianthus iodoides

攀援： 以卷须卷曲的方式攀援。

辨识： 木质藤本；小枝灰色，圆柱形，渐无毛；卷须粗壮，与叶轮生。叶长椭圆形至长圆形。雌、雄花序均交替腋生。核果椭圆形，由淡绿色、黄绿色转橙黄色至橙红色。

分布： 见于永定、上杭、新罗、漳平、三元、晋安、福清、蕉城等地，多生于海拔1000米以下的疏林边、沟谷林中或林缘灌丛中。

其他： 果肉味甜可食，根或老藤供药用。

定心藤花　　　　　　　定心藤果　　　　　　　定心藤攀援状

流苏子

Coptosapelta diffusa

攀援： 以茎缠绕的方式攀援。

辨识： 叶对生，卵形至披针形。花单生于叶腋，白色或黄色，高脚碟状。蒴果淡黄色。种子扁圆形，边缘具流苏状的翅，表面有蜂窝状网纹。

分布： 全省习见。常附于半阴灌丛上，或缠绕于小树上。

其他： 根辛辣，可治皮炎。

流苏子

流苏子攀援状和花　　　　　　　流苏子果

牛白藤

Hedyotis hedyotidea

牛白藤

攀援： 以茎搭靠或缠绕的方式攀援。

辨识： 嫩枝方柱形，具粉末状柔毛，老时圆柱形。叶对生，膜质，托叶带刺状毛。伞形花序腋生或顶生，花冠白色。蒴果近球形，成熟时开裂为 2 果爿。

分布： 产于云霄、厦门、南靖、福清等地。生于低海拔杂木林下路边或山坡灌草丛中。

其他： 本种对风湿、感冒咳嗽和皮肤湿疹等疾病有一定的疗效。

牛白藤攀援状

牛白藤花

牛白藤果

蔓虎刺

Mitchella undulata

蔓虎刺

攀援： 以气生根吸附的方式攀援。

辨识： 茎纤细，无毛或近无毛。叶对生，有大小二型之分，大型叶三角状卵形或卵形，顶端急尖或圆，基部截平或圆，边缘具波疏齿，两面无毛；小型叶卵形至正圆形。托叶生叶柄间，三角形。花冠漏斗状，白色。果近球形，熟时红色。

分布： 全省习见。常附于潮湿岩壁上，或缠绕于小树上。

蔓虎刺花

蔓虎刺果

大果巴戟

Morinda cochinchinensis

攀援：以茎缠绕的方式攀援。

辨识：小枝、叶柄、叶下面及总花梗密被淡黄色、扩展长柔毛。叶对生，纸质，椭圆形、长圆形或倒卵状长圆形。头状花序排列成伞形，花冠白色。聚花核果较大，熟时由橙黄色变橘红色。

分布：见于南靖等地。生于海拔 1200 米以下的山坡、山谷、溪旁和路边的林下或灌丛中。

其他：民间用全株煮水洗澡以防感冒。根入药，有止咳祛风的作用。

大果巴戟攀援状

大果巴戟茎　　　　　大果巴戟叶背面

巴戟天

Morinda officinalis

攀援：以茎缠绕的方式攀援。

辨识：肉质根不定位肠状缢缩。叶上面初时被紧贴疏长粗毛，中脉上半部明显线状凸起，该凸出线上常有皮刺状硬毛。头状花序伞形排列，花冠白色。聚花核果熟时红色。

分布：见于武平、诏安、上杭、南靖等地。生于海拔 500 米以下，土层肥沃深厚的山地林缘或林缘灌丛中。

其他：本种是现代中药巴戟天的原植物，其肉质根的根肉晒干即成药材巴戟天，被列为国家 II 级重点保护野生植物。

巴戟天

鸡眼藤

Morinda parvifolia

攀援： 以茎缠绕的方式攀援。

辨识： 叶形多变，具大、小二型叶。花冠白色，裂片长圆形，顶部向外隆出和向内钩状弯折。聚花核果近球形。

分布： 福建南部沿海各地习见。生于海拔 500 米以下的山坡灌丛中，通常不分布至山地林内。

其他： 全株药用，有清热利湿、化痰止咳等药效。

鸡眼藤

鸡眼藤花

鸡眼藤果

假巴戟

Morinda shuanghuaensis

攀援： 以茎缠绕的方式攀援。

辨识： 根稍肉质，不收缩呈念珠状。叶上面初时被疏短粗毛或无毛；中脉上半部仅稍线状凸起，皮刺状硬毛较少见。头状花序伞状排列；花冠白色，稍肉质。聚花核果熟时红色，扁球形。

分布： 福建南部沿海及西南各地习见。生于海拔 800 米以下的疏林中或林缘及山地灌丛中。

其他： 本种根部肉质皮层较巴戟天薄，可作药材巴戟天的代用品，但品质较差。

假巴戟攀援状

羊角藤

Morinda umbellata subsp. *obovata*

攀援： 以茎缠绕的方式攀援。

辨识： 嫩枝无毛，绿色；老枝具细棱，蓝黑色。叶基部楔形，中脉通常两面无毛。头状花序排成伞状，花冠白色。聚花核果成熟时红色。

分布： 全省习见。生于海拔1300 米以下的山地林中路边、林缘及灌丛中。

其他： 根、叶具祛风止痛、利湿解毒的功效。根可治风湿关节痛、腰痛、黄疸型肝炎，叶可治蛇伤。

羊角藤

羊角藤花

羊角藤果

楠藤

Mussaenda erosa

攀援： 以茎缠绕的方式攀援。

辨识： 除花冠外面被平伏柔毛外，全株无毛。小枝具明显皮孔。叶长圆形或长圆状椭圆形，托叶三角形。伞房状多歧聚伞花序顶生，花冠橙黄色；萼裂片花瓣状，白色。浆果，顶部有萼檐脱落后的环状疤痕。

分布： 见于南靖、云霄等地。常附于半阴灌丛上，或缠绕于小树上。

其他： 民间用茎、叶和果煮水，以治猪的各种炎症。可开发观赏。

楠藤花

楠藤

玉叶金花

Mussaenda pubescens

攀援： 以茎缠绕的方式攀援。

辨识： 小枝、叶柄、叶下面、总花梗、花梗及花萼外面均被平伏粗柔毛。叶长圆形或卵状长圆形，长不超过8厘米，宽不及3厘米。聚伞花序顶生，花冠黄色；萼裂片花瓣状，白色。浆果小，直径5~7毫米。

分布： 全省习见。常附于半阴灌丛上，或缠绕于小树上。

其他： 茎、叶入药，有清热除湿、消食和胃、解毒消肿的功效；主治气管炎、扁桃体炎、肠炎、小儿疳积及毒菇中毒等。可开发观赏。

玉叶金花花

玉叶金花果

玉叶金花

大叶白纸扇

Mussaenda shikokiana

攀援： 以茎缠绕的方式攀援。

辨识： 小枝、叶柄、叶下面、托叶、总花梗、花梗，以及花萼和花冠外面均被平伏柔毛。叶阔卵形或阔椭圆形，长10厘米以上，宽超过5厘米。聚伞花序顶生，花冠黄色；萼裂片近叶状，白色。浆果较大，直径约1厘米。

分布： 全省习见。常附于半阴灌丛上，或缠绕于小树上。

其他： 可开发观赏。

大叶白纸扇

大叶白纸扇花

大叶白纸扇果

鸡矢藤

Paederia foetida

鸡矢藤

攀援：以茎缠绕的方式攀援。

辨识：揉之有臭味。叶卵形、卵状长圆形或披针形。花排成开展的聚伞状圆锥花序，分枝多而长，末级分枝上的花呈蝎尾状排列；花淡紫色，若为白色，则叶下面密被茸毛。果球形，成熟时近黄色。

分布：全省习见。常附于半阴灌丛上，或绕于小树上。

其他：全株入药，有消食和胃、理气破瘀、解毒止痛的功效。茎皮为造纸和人造棉的原料。

鸡矢藤攀援状

鸡矢藤叶正面

鸡矢藤花

鸡矢藤果

疏花鸡矢藤

Paederia laxiflora

攀援：以茎缠绕的方式攀援。

辨识：揉之有臭味。叶狭长披针形，两面无毛。花排成疏散的聚伞状圆锥花序，分枝多而长，末级分枝上的花呈蝎尾状排列，花冠白带紫色。

分布：见于诏安等地。常附于竹林下，或缠绕于小树上。

疏花鸡矢藤开花状

疏花鸡矢藤攀援状

疏花鸡矢藤果

狭序鸡矢藤

Paederia stenobotrya

攀援： 以茎缠绕的方式攀援。

辨识： 揉之有臭味。叶卵形或卵状长圆形，上下叶面多少具毛。花排成狭窄、近穗状的聚伞花序，末级分枝上的花呈簇生状排列，总花梗密被茸毛，花白色。果球形，熟时草黄色。

分布： 见于武夷山等地。常附于半阴灌丛上，或缠绕于小树上。

狭序鸡矢藤攀援状　　　　　　　狭序鸡矢藤花

蔓九节

Psychotria serpens

攀援： 以气生根吸附的方式攀援。

辨识： 小枝有一列短而密的气根。叶较小，长 1.5~4 厘米，宽 1~2 厘米。聚伞花序顶生，花冠管状、白色。浆果状核果具明显纵棱，熟时白色。

分布： 福建中部、东南及南部沿海地区较常见。常附于半阴灌丛、石头上，或缠绕于小树上。

其他： 全株药用，有舒筋活络、祛风止痛、凉血消肿的作用，治风湿痹痛、坐骨神经痛、痈疮肿毒等。

蔓九节花　　　　　　　　蔓九节果　　　　　　　　蔓九节攀援状

金剑草

Rubia alata

攀援： 以茎缠绕的方式攀援。

辨识： 草质攀援藤本，长1~4米或更长。茎、枝干时灰色，均有4棱或4翅，棱上常具倒生皮刺。叶4片轮生，薄革质，边缘反卷，常有短小皮刺，两面粗糙。圆锥花序，花白色或淡黄色。浆果成熟时黑色。

分布： 全省习见。生于海拔1500米以下的林缘路边、山谷灌丛中或溪边。

其他： 根去皮治牙痛，叶汁治白癣。

金剑草

金剑草叶正面

金剑草花

金剑草果

东南茜草

Rubia argyi

攀援： 以具倒钩状皮刺的茎、枝攀援。

辨识： 茎、枝锐四棱形，连同叶柄有倒钩状皮刺。叶4片或顶部偶有6片轮生，长不超过宽的2倍。聚伞花序分枝成圆锥花序式，花冠白色。浆果近球形，有时臀状，熟时黑色。

分布： 全省习见。常附于半阴灌丛上，或缠绕于小树上。

其他： 全草入药，有活血、止血的功效，主治咯血、吐血、尿血、水肿肾炎、痛经、闭经、血栓闭塞性脉管炎和跌打损伤等。

东南茜草

东南茜草花

东南茜草果

毛钩藤

Uncaria hirsuta

毛钩藤

攀援： 以变态为钩状的腋生枝攀援。

辨识： 腋生枝常变态为钩状。小枝、叶柄、托叶及钩状枝初时被粗毛。叶上面散生钩状小突起而粗糙，下面疏被长粗毛；托叶裂片阔三角形或阔卵形。聚花蒴果较大，直径 45~50 毫米。

分布： 见于屏南、永泰、漳浦等地。常附于半阴灌丛上，或缠绕于小树上。

毛钩藤叶正面

毛钩藤叶背面和钩

毛钩藤花

毛钩藤果

钩藤

Uncaria rhynchophylla

钩藤

攀援： 以变态为钩状的腋生枝攀援。

辨识： 腋生枝常变态为钩状。小枝、叶柄、托叶及钩状枝均无毛，叶仅下面脉腋有束毛。头状花序，花柱伸出冠喉外，柱头棒形。聚花蒴果直径 10~12 毫米。

分布： 全省习见。常附于半阴灌丛上，或缠绕于小树上。

其他： 钩状枝及小枝节部可药用，具清热息风、平肝镇惊的功效。

钩藤钩

钩藤花

钩藤果

龙胆科 Gentianaceae

福建蔓龙胆

Crawfurdia pricei

攀援： 以茎缠绕的方式攀援。

辨识： 茎生叶边缘膜质、微反卷、细波状；叶脉在叶下明显突起，沿脉密生短硬毛及腺毛或无毛。聚伞花序，有2至多花；花冠粉红色、白色或淡紫色；花丝两边具不等宽的翅，子房纺锤形。蒴果淡褐色，种子具盘状双翅。

分布： 见于龙岩市各地。生于山坡草地、山谷灌丛或密林中。

其他： 花美丽，可盆栽观赏。

福建蔓龙胆

福建蔓龙胆叶正面

福建蔓龙胆花

福建蔓龙胆果和种子

双蝴蝶

Tripterospermum chinense

攀援： 以茎缠绕的方式攀援。

辨识： 叶对生，基生叶密集，呈双蝴蝶状。花白色或蓝色。蒴果，成熟时2瓣裂。种子三棱形，其中一棱上的翅远较另二棱上的翅窄。

分布： 见于上杭、德化、屏南、建瓯、建阳等地。常生于海拔500米以上的竹林、杂木林中或山谷林缘、沟边阴湿处。

其他： 花美丽，可盆栽观赏。

双蝴蝶

双蝴蝶花

双蝴蝶叶背面

细茎双蝴蝶

Tripterospermum filicaule

细茎双蝴蝶

攀援： 以茎缠绕的方式攀援。

辨识： 基生叶疏离，叶较小。花紫色、蓝色或粉红色，花柱短。浆果圆柱状长圆形，露出花冠筒之外。种子楔状三棱形，无翅。

分布： 见于武夷山等地。常生于海拔 800 米以上的竹林或山顶草丛中。

其他： 花美丽，可盆栽观赏。

细茎双蝴蝶攀援状

细茎双蝴蝶花

细茎双蝴蝶果

香港双蝴蝶

Tripterospermum nienkui

攀援： 以茎缠绕的方式攀援。

辨识： 基生叶疏离，叶较小。花紫色、蓝紫色或淡蓝色，花柱较长。浆果椭圆形，内藏于花冠筒内。种子楔状三棱形，无翅。

分布： 见于上杭、连城、永安、闽侯等地。常生于山坡草地、林缘路边或竹林中。

其他： 花美丽，可盆栽观赏。

香港双蝴蝶

香港双蝴蝶果

蓬莱葛

Gardneria multiflora

蓬莱葛

攀援：以茎缠绕的方式攀援。

辨识：全株除花萼裂片均无毛。枝条圆柱形，有叶痕。叶片纸质至薄革质，侧脉每边 6~10 条，叶腋内有钻状腺体。2~3 歧聚伞花序腋生，花 5 数，花冠黄色或黄白色。浆果圆球状，成熟时红色。

分布：全省较常见。攀援于山地路旁、山谷溪流岸边疏林中。

其他：根、叶可供药用。

蓬莱葛攀援状

蓬莱葛果和叶背面

蓬莱葛花

牛眼马钱

Strychnos angustiflora

攀援：以茎搭靠的方式攀援。

辨识：全株除花序和花冠以外无毛。叶革质，卵形至近圆形，基出脉 3~5 条。三歧聚伞花序顶生，花冠白色。浆果圆球状，成熟时红色或橙黄色。

分布：见于云霄、诏安等地。攀援于山地灌木林中。

其他：全株均有毒，谨慎接触。

牛眼马钱

牛眼马钱果

钩吻

Gelsemium elegans

钩吻

攀援： 以茎搭靠的方式攀援。

辨识： 小枝幼时具纵棱，老枝圆柱形。叶片膜质，卵形至卵状披针形。花组成顶生和腋生的三歧聚伞花序，花冠黄色。蒴果，干后室间开裂为 2 个 2 裂果瓣，果皮薄革质。

分布： 见于芗城、新罗、晋安、三元等地。攀援于灌木林或山地路边。

其他： 俗名"断肠草"，全株有大毒，谨慎接触。

钩吻叶正面

钩吻花

钩吻果

链珠藤

Alyxia sinensis

链珠藤

攀援： 以茎缠绕的方式攀援。

辨识： 藤状灌木，具乳汁。叶革质，对生或三枚轮生，通常卵圆形，边缘反卷。聚伞花序腋生或近顶生；花小，花冠先淡红色后退变为白色；子房具长柔毛。核果卵形，2~3 颗组成链珠状。

分布： 全省习见。生于矮林或灌木丛中。

其他： 根有小毒，但可入药。全株可作发酵药。

链珠藤攀援状

链珠藤花

链珠藤果

鳝藤

Anodendron affine

攀援：以茎缠绕的方式攀援。

辨识：攀援灌木，具乳汁。叶对生，具羽状脉。花冠高脚碟状，无副花冠。蓇葖果双生，叉开，基部膨大，上部渐尖。

分布：全省习见。生于海拔 800 米以下的山地疏林中。

鳝藤

鳝藤叶正面

鳝藤花

鳝藤果

青龙藤

Biondia henryi

攀援：以茎缠绕的方式攀援。

辨识：具乳汁。叶薄纸质，窄披针形。花萼 5 深裂，内面基部有 5 个腺体；花冠近钟状，裂片卵状三角形，钝头。蓇葖果单生，狭披针形。

分布：全省习见。生于山地疏林中。

青龙藤叶正面

青龙藤叶背面

牛皮消

Cynanchum auriculatum

攀援：以茎缠绕的方式攀援。

辨识：蔓性半灌木，具乳汁。叶较大，宽卵形至卵状长圆形，基部心形，两侧耳状。花白色至淡黄色。蓇葖果无刺，双生，圆柱状。

分布：全省习见。生于山坡灌木丛中。

其他：块根药用，有养阴清热、润肺止咳之效。

牛皮消

牛皮消花

牛皮消果

刺瓜

Cynanchum corymbosum

攀援：以茎缠绕的方式攀援。

辨识：多年生草质藤本，具乳汁。块根粗壮。叶薄纸质，基部心形。着生于雄蕊上的副花冠单轮，副花冠筒在顶部 10 浅裂，内面有 10 个皱褶。蓇葖果具弯刺。

分布：见于福建中、南部。生于灌丛中潮湿处。

其他：全株可催乳解毒，民间用来治神经衰弱等症。

刺瓜花

刺瓜果

刺瓜攀援状

山白前

Cynanchum fordii

攀援：以茎缠绕的方式攀援。

辨识：具乳汁。叶较大，卵状长圆形至椭圆状长圆形，基部圆形至微心形；叶柄与叶片基部连接处丛生腺体。蓇葖果无毛，单生，披针形。

分布：见于福建南部。生于海拔 300 米左右的山地林缘、山谷疏林下或路边灌木丛向阳处。

山白前

山白前花

圆叶眼树莲

Dischidia nummularia

攀援：以气生根吸附的方式攀援。

辨识：茎肉质，节上生根。叶圆形，长和宽约 1 厘米。花冠裂片内面基部和喉部被长柔毛。

分布：福建南部偶见。生于密林中或山谷阴湿处，附生于树干或岩石上。

圆叶眼树莲

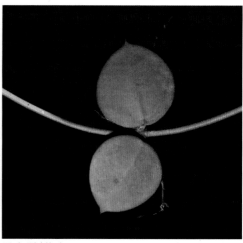
圆叶眼树莲叶正面

匙羹藤

Gymnema sylvestre

攀援： 以茎缠绕的方式攀援。

辨识： 木质藤本，长达 4 米，具乳汁。花小，绿白色；花萼裂片卵圆形，钝头，内面基部有 5 个腺体；花药长圆形，顶端具膜片。蓇葖果卵状披针形。

分布： 全省习见。生于山坡林中或灌木丛中。

其他： 全株药用，民间用来治风湿痹痛、脉管炎、毒蛇咬伤。外用治痔疮、枪弹创伤，也可杀虱。植株有小毒，孕妇慎用。

匙羹藤

匙羹藤叶正面

匙羹藤花

匙羹藤果

醉魂藤

Heterostemma alatum

攀援： 以茎缠绕的方式攀援。

辨识： 长达 4 米，茎有纵纹及二列柔毛。叶纸质，较大，叶脉在叶下面翅状。伞形聚伞花序腋生，花冠黄色，外面被微毛，内面无毛。蓇葖果双生，线状披针形。

分布： 见于南靖、平和、华安、永泰等地。生于海拔 1200 米以下的山谷水旁、林中阴湿处。

其他： 根可药用，民间用其治风湿、胎毒和疟疾等。

醉魂藤

醉魂藤攀援状

醉魂藤花

醉魂藤果

球兰

Hoya carnosa

攀援： 以气生根吸附的方式攀援。

辨识： 叶对生，肉质。花白色，花冠辐状，花冠筒短；裂片外面无毛，内面多乳头状突起；副花冠星状。蓇葖果线形、光滑。

分布： 全省习见。生于平原或山地，附于树上或石上。

其他： 为著名观赏植物。全株药用。

球兰叶背面　　　　　　　球兰花　　　　　　　　　球兰攀援状

黑鳗藤

Jasminanthes mucronata

攀援： 以茎缠绕的方式攀援。

辨识： 叶纸质，卵圆状长圆形，基部心形；叶柄顶端具丛生腺体。聚伞花序假伞形，花冠白色，含紫色液汁。蓇葖果长披针形，无毛。

分布： 全省习见。生于疏林中。

黑鳗藤开花状

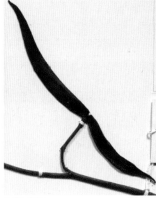

黑鳗藤叶背面　　　　　　黑鳗藤果　　　　　　　　黑鳗藤攀援状

牛奶菜

Marsdenia sinensis

攀援： 以茎缠绕的方式攀援。

辨识： 高攀木质藤本，具丰富乳汁。叶宽卵形，叶背被黄色茸毛。聚伞花序圆锥状腋生，花冠红色。蓇葖果纺锤状。

分布： 全省习见。生于山地林中。

其他： 植株产橡胶。

牛奶菜

牛奶菜叶背面

牛奶菜花

牛奶菜果

蓝叶藤

Marsdenia tinctoria

攀援： 以茎缠绕的方式攀援。

辨识： 叶薄膜质，鲜时绿色，干后呈蓝色；叶柄顶端具丛生腺体。花冠坛状，绿白色，干后呈蓝黑色。蓇葖带黑色，具疏柔毛，狭披针形。

分布： 全省习见。生于海拔 600 米以下密林荫处的岩石上或攀援于大树上。

其他： 茎皮、花、叶可提制蓝色染料。

蓝叶藤种子

蓝叶藤果

蓝叶藤

山橙

Melodinus suaveolens

攀援： 以茎搭靠的方式攀援。

辨识： 副花冠合生呈钟形或圆筒形，顶端5裂；花冠裂片顶端具双齿。浆果球形。

分布： 见于诏安、云霄、上杭等地。常生于丘陵、山谷，攀援于树木或石壁上。

其他： 果实药用。藤皮纤维可编制麻绳、麻袋。

山橙

山橙花

山橙果

大花帘子藤

Pottsia grandiflora

攀援： 以茎缠绕的方式攀援。

辨识： 长达5米，具乳汁。花萼裂片外面无毛，仅具疏缘毛；开花时花冠裂片向下反折，倒卵形；花柱基部增厚；子房无毛。

分布： 见于上杭、永泰、古田等地。生于海拔500~1100米的杂木林中或林缘，攀援于大树上。

大花帘子藤叶背面

大花帘子藤花

大花帘子藤

帘子藤

Pottsia laxiflora

攀援：以茎缠绕的方式攀援。

辨识：长达 5 米，具乳汁。花萼裂片外面被短柔毛；开花时花冠裂片向上展开，卵状长圆形；花柱中部增厚；子房被长柔毛。

分布：见于平和、南靖、新罗、延平等地。生于海拔 1200 米以下杂木林中及山谷林缘。

其他：根入药，具祛风除湿、活络引血的功效。

帘子藤开花状　　　　　　　　　　帘子藤果、种子和攀援状

羊角拗

Strophanthus divaricatus

攀援：以茎缠绕或搭靠的方式攀援。

辨识：蔓性灌木，全株无毛。叶薄纸质。聚伞花序顶生，通常着花3朵；萼片披针形。蓇葖果广叉开，木质，椭圆状长圆形。

分布：全省习见。野生于丘陵山地、路旁疏林中或山坡灌木丛中。

其他：全株含毒，为药用强心剂。农业可制杀虫剂，其制剂可浸苗和拌种用。

羊角拗

羊角拗花　　　　　　　　　　羊角拗果

夜来香

Telosma cordata

攀援：以茎缠绕的方式攀援。

辨识：叶膜质，近心形。伞状聚伞花序腋生，花多达 30 朵，芳香，夜间更甚；花冠黄绿色，高脚碟状，花冠筒圆筒形，喉部被长柔毛；副花冠 5 片，着生于合蕊冠上。蓇葖果披针形，7~10 厘米，极少结果。

分布：逸为野生，见于厦门等地。生于山坡灌木丛中。

其他：花芳香，可蒸香油；花、叶入药，有清肝、明目、去翳之效，可治结膜炎、疳积上目症等。

夜来香攀援状

夜来香叶背面　　　　　　　　夜来香花

卧茎夜来香

Telosma procumbens

攀援：以茎缠绕的方式攀援。

辨识：叶薄膜质，基部圆形、截形或略心形，顶端渐尖。伞状聚伞花序腋生；花多数，黄绿色，无香味。蓇葖果披针形。

分布：见于永泰。生于溪旁林下阴湿处。

卧茎夜来香花

卧茎夜来香攀援状

亚洲络石

Trachelospermum asiaticum

攀援： 以茎缠绕或搭靠的方式
攀援。

辨识： 幼枝连同叶柄被毛。花
冠筒喉部膨大，内外面
均无毛；雄蕊着生在花
冠筒喉部，花药顶端露
出喉部之外；花萼仅边
缘或顶部具缘毛。

分布： 见于上杭、德化、连城
等地。生于山地杂木林
路边或山谷林缘，攀援
于树上或灌丛中。

亚洲络石

亚洲络石叶背面

亚洲络石花

紫花络石

Trachelospermum axillare

攀援： 以茎缠绕或搭靠的方式攀援。

辨识： 粗壮木质藤本。叶厚纸质。花紫色，花冠筒基部
膨大，雄蕊着生在花冠筒基部。蓇葖果粘生，圆柱
状长圆形，老时分离。种子扁平。

分布： 见于永安、沙县、延平等地。生于海拔 300~1200
米的沟谷林缘、杂木林内路旁或溪边。

其他： 植株可提制树胶、橡胶。皮纤维拉力强，可编制绳
索和麻袋。种毛可作填充料。

紫花络石花

紫花络石果

紫花络石

短柱络石

Trachelospermum brevistylum

攀援： 以茎缠绕或搭靠的方式攀援。

辨识： 木质藤本，较为柔弱，长2米，具乳汁，全部无毛。叶薄纸质。花白色，花冠筒基部膨大，雄蕊着生在花冠筒基部。蓇葖果叉生，线状披针形。种子线状长圆形。

分布： 见于泰宁、延平、武夷山等地。生于海拔300~1400米的山地杂木林中及山谷林缘，常攀援于树上或岩石上。

短柱络石

络石

Trachelospermum jasminoides

攀援： 以茎缠绕或搭靠的方式攀援。

辨识： 常绿木质藤本，高可达10米，具乳汁。花冠筒中部膨大，内面在雄蕊着生处至喉部被短柔毛；雄蕊着生在花冠筒中部，花药不露出喉部之外；花萼外面被长柔毛，边缘具缘毛。

分布： 全省习见。生于山坡灌丛、旷野路边、溪河两岸及杂木林中或林缘，常攀援于树干、墙壁或岩石上。

其他： 根、茎、叶、果实供药用。乳汁有毒，对心脏有毒害作用。茎皮纤维拉力强，可制绳索、纸及人造棉。花芳香，可提取络石浸膏。栽培供观赏。

络石

络石花

络石果

七层楼

Tylophora floribunda

攀援：以茎缠绕的方式攀援。

辨识：多年生缠绕藤本，具乳汁。叶较小，叶柄短。聚伞花序，总花梗纤细曲折，多次分枝，花紫红色。蓇葖果双生，叉开。

分布：全省习见。生于山坡灌木丛中。

其他：根药用，民间用其治小儿惊风、白喉、跌打损伤、关节肿痛和蛇咬伤等。

七层楼

七层楼叶正面

七层楼叶背面

通天连

Tylophora koi

攀援：以茎缠绕的方式攀援。

辨识：柔弱藤本，茎、叶无毛。叶椭圆状长圆形至狭长圆状披针形，叶柄较长。花白色至淡黄绿色。蓇葖果常单生，线状披针形。

分布：全省习见。生于山谷灌木丛中。

通天连

通天连花

通天连果和叶背面

贵州娃儿藤

Tylophora silvestris

攀援： 以茎缠绕的方式攀援。

辨识： 叶近革质，长圆状披针形。花紫色；花萼 5 深裂，内面基部具 5 个腺体。蓇葖果披针形。

分布： 全省习见。生于海拔 500 米以下的山地密林中及路旁旷野地。

贵州娃儿藤

贵州娃儿藤花

酸叶胶藤

Urceola rosea

攀援： 以茎缠绕的方式攀援。

辨识： 高攀木质大藤本，长达 10 米。茎无明显皮孔，内含乳汁。叶较小，叶背被白粉，侧脉 4~6 对。多歧聚伞花序圆锥状顶生；花小，粉红色。蓇葖果的外果皮有明显斑点。

分布： 全省习见。生于海拔 800 米以下的杂木林缘、山谷灌丛中及溪边湿润处。

其他： 植株可提制橡胶。全株供药用。

酸叶胶藤

酸叶胶藤花

酸叶胶藤果

打碗花

Calystegia hederacea

攀援： 以茎缠绕的方式攀援。

辨识： 茎纤细，有细棱。叶互生，长圆形或三角状戟形。花单生于叶腋，淡紫色或粉红色，钟状。蒴果卵圆形。

分布： 见于武夷山等地。缠绕于灌木或其他物体上。

其他： 全草药用，有调经活血、滋阴补虚之效。园林栽培供观赏。

打碗花

旋花

Calystegia sepium

攀援： 以茎缠绕的方式攀援。

辨识： 叶互生，三角形或宽卵形，基部戟形或心形。花单生于叶腋，花冠白色或粉红色，漏斗状；苞片 2 片，宽卵形。蒴果卵圆形。

分布： 见于上杭、泰宁、武夷山等地。缠绕于灌木或其他物体上。

其他： 根药用，治白带异常、白浊、疝气、疖疮等。园林栽培供观赏。

旋花花

旋花攀援状

茉栾藤
Camonea pilosa

攀援： 以茎缠绕的方式攀援。

辨识： 叶互生，叶形和大小多变化；顶端渐尖、锐尖或钝而微凹，具小凸尖；基部心形。花冠漏斗状，黄色或淡红色。蒴果圆锥状球形。

分布： 见于诏安、南靖、长泰等地。缠绕于乔木、灌木或其他物体上。

茉栾藤

茉栾藤叶正面

南方菟丝子
Cuscuta australis

攀援： 以茎缠绕或借助吸器攀援。

辨识： 寄生草本，无根无叶。茎纤细，毛发状，直径约1毫米。花簇生成小伞形或小团伞花序；花小，花冠杯状，乳白色或淡黄色。蒴果扁球形，直径3~4毫米。

分布： 全省习见。缠绕于乔木、灌木或其他物体上。

其他： 田间有害杂草。种子药用，有补肝肾、益精壮阳、止泻之效。

南方菟丝子

南方菟丝子花

南方菟丝子果

菟丝子

Cuscuta chinensis

攀援： 以茎缠绕或借助吸器攀援。

辨识： 寄生草本，无根无叶。茎黄色，纤细，直径约1毫米。花序侧生；花冠白色，壶形。蒴果球形，直径约3毫米。

分布： 全省习见。缠绕于乔木、灌木或其他物体上。

其他： 田间有害杂草。种子药用，有补肝肾、益精壮阳、止泻之效。

菟丝子

菟丝子果

金灯藤

Cuscuta japonica

攀援： 以茎缠绕或借助吸器攀援。

辨识： 寄生草本，无根无叶。茎较粗壮，多分枝，具紫红色瘤状斑点。花序穗状，花小，绿白色或淡红色，花冠钟状。蒴果卵圆形。

分布： 见于长汀、福清、连城等地。缠绕于乔木、灌木或其他物体上。

其他： 田间有害杂草，对一些木本植物也有危害。种子药用，有补肝肾、益精壮阳、止泻之效。

金灯藤

金灯藤花

金灯藤果

月光花

Ipomoea alba

攀援： 以茎缠绕的方式攀援。

辨识： 植株具乳汁。茎绿色，有软刺或近于光滑。叶互生，卵状心形，顶端渐尖或长尾尖，基部心形。花大，白色，芳香，夜间开放，花冠高脚碟状。蒴果卵形。

分布： 见于沿海各地。缠绕于乔木、灌木或其他物体上。

其他： 我国庭园常见栽培，供观赏。也用来嫁接番薯，提高产量。

月光花花和攀援状

毛牵牛

Ipomoea biflora

攀援： 以茎缠绕的方式攀援。

辨识： 全株被长硬毛。叶互生，心形或三角状心形，全缘或少为不明显的3裂。花白色，通常2朵，花冠狭钟状。蒴果近球形。

分布： 见于诏安、厦门、新罗等地。缠绕于乔木、灌木或其他物体上。

毛牵牛

毛牵牛叶背面

毛牵牛果

五爪金龙

Ipomoea cairica

攀援： 以茎缠绕的方式攀援。

辨识： 茎细长，常有小瘤状凸起。叶互生，掌状全裂，裂片5枚。花紫红色、紫色，偶有白色，花冠漏斗状。蒴果近球形。

分布： 见于厦门、莆田、晋安等地。缠绕于乔木、灌木或其他物体上。

其他： 该种属外来入侵种。块根药用，有清热解毒之效，外敷治热毒疮。

五爪金龙

五爪金龙叶正面

五爪金龙攀援状

牵牛

Ipomoea nil

攀援： 以茎缠绕的方式攀援。

辨识： 全株被倒生的长硬毛。叶互生，宽卵形或近圆形，通常3裂，基部心形。花冠漏斗状，蓝紫色或紫红色。蒴果近球形。

分布： 见于厦门、晋安、延平等地。缠绕于乔木、灌木或其他物体上。

其他： 除栽培观赏外，种子药用，称"黑丑""白丑"或"二丑"，有泻水利尿、逐痰、杀虫之效。

牵牛攀援状和花

牵牛叶背面

牵牛果

厚藤

Ipomoea pes-caprae

攀援： 以茎搭靠的方式攀援。

辨识： 植株具乳汁。茎粗壮，红紫色，基部木质化。叶互生，肉质，长圆形或椭圆形；顶端微凹或2裂，裂片圆。花紫红色或紫色。蒴果球形。

分布： 见于东山、漳浦、厦门等地。匍匐于沙地或缠绕于其他物体上。

其他： 可作海滩固沙或覆盖植物。全草药用，有祛风除湿、拔毒消肿之效。

厚藤

厚藤花

厚藤果

圆叶牵牛

Ipomoea purpurea

攀援： 以茎缠绕的方式攀援。

辨识： 全株被倒生的长硬毛，多分枝。叶互生，圆心形或宽卵状心形；全缘，偶有3裂。花紫红色、红色或白色，花冠漏斗状。蒴果近球形，直径约1厘米。

分布： 见于厦门、晋安等地。缠绕于乔木、灌木或其他物体上。

其他： 园林栽培供观赏。

圆叶牵牛叶正面

圆叶牵牛花

圆叶牵牛果

圆叶牵牛

小牵牛

Jacquemontia paniculata

攀援： 以茎缠绕的方式攀援。

辨识： 茎细长。叶互生，卵形或卵状长圆形，顶端渐尖或长渐尖，基部心形。花淡紫色、粉红色或白色，漏斗状或钟状。蒴果球形。

分布： 见于南靖。缠绕于乔木、灌木或其他物体上。

小牵牛叶正面

小牵牛花

小牵牛

篱栏网

Merremia hederacea

攀援： 以茎缠绕的方式攀援。

辨识： 茎细长，有细棱。叶互生，卵形，顶端渐尖或长渐尖，基部阔心形，有时3深裂或3浅裂。花黄色，花冠钟状。蒴果宽圆锥形或扁球形。

分布： 见于厦门、龙海、晋安等地。缠绕于乔木、灌木或其他物体上。

篱栏网

篱栏网攀援状

篱栏网花

篱栏网果

中华红丝线

Lycianthes lysimachioides var. *sinensis*

攀援： 以茎搭靠的方式攀援。

辨识： 茎纤细，节上有不定根。叶假双生，大小不等或近相等，卵形、椭圆形至卵状披针形。花白色；萼齿10枚，钻状线形。浆果球形，成熟时鲜红色。

分布： 见于永安。搭靠于乔木、灌木或其他物体上。

中华红丝线

中华红丝线花

中华红丝线果

白英

Solanum lyratum

攀援： 以茎搭靠的方式攀援。

辨识： 茎、小枝、叶柄、总花梗均密被多节的长柔毛。叶常为琴形，基部多戟形。花蓝紫色或白色。浆果球形，成熟时红黑色。

分布： 全省习见。搭靠于乔木、灌木或其他物体上。

其他： 全草入药，有清热解毒、祛风湿之效，治小儿惊风；果实治风火牙痛。

白英

白英叶正面

白英叶背面

白英花

海桐叶白英

Solanum pittosporifolium

攀援： 以茎搭靠的方式攀援。

辨识： 全株无毛。小枝纤细，具棱角。叶互生，披针形至卵圆状披针形。花白色，少数紫色。浆果球形，成熟时红色。

分布： 全省习见。搭靠于乔木、灌木或其他物体上。

海桐叶白英攀援状

海桐叶白英叶正面

海桐叶白英花和果

清香藤

Jasminum lanceolarium

攀援： 以茎缠绕或搭靠的方式攀援。

辨识： 小枝圆柱形，无毛或被短柔毛。叶对生，三出复叶，小叶革质，下面无毛到被微柔毛。圆锥状的复聚伞花序通常顶生或腋生，花冠白色，裂片4或5枚。

分布： 全省习见。攀援于林下、灌丛、路边。

其他： 可开发观赏。

清香藤

清香藤叶背面

清香藤花

清香藤果

木樨科 Oleaceae

华素馨

Jasminum sinense

攀援: 以茎搭靠的方式攀援。

辨识: 小枝圆柱形, 密被锈色长柔毛。叶对生, 三出复叶, 小叶片纸质, 两面被锈色柔毛。聚伞花序常呈圆锥状排列, 顶生或腋生, 花冠白色或淡黄色。

分布: 见于连城、三元、武夷山等地。攀援于林下、路边。

华素馨花

华素馨果

华素馨

川素馨

Jasminum urophyllum

攀援: 以茎搭靠的方式攀援。

辨识: 小枝具棱, 无毛。叶革质, 单叶对生, 两面无毛。伞房状聚伞花序顶生或腋生, 有花3~13朵; 花冠白色, 裂片5枚。

分布: 见于华安。攀援于林下、山地。

其他: 园林栽培供观赏。

川素馨攀援状和叶背面

川素馨叶正面

芒毛苣苔

Aeschynanthus acuminatus

攀援： 以茎搭靠的方式攀援。

辨识： 分枝对生。叶对生，椭圆形至披针形，或矩圆形至倒披针形，全缘。花序生于近顶端叶腋；花冠紫色，二唇形。蒴果条形，长可达 15 厘米。

分布： 见于芗城、南靖等地。搭靠于乔木、灌木或其他物体上。

其他： 可盆栽观赏。

芒毛苣苔

芒毛苣苔叶正面

芒毛苣苔花

芒毛苣苔果

翼叶山牵牛

Thunbergia alata

攀援： 以茎缠绕的方式攀援。

辨识： 茎有沟槽。叶对生，卵形至三角状卵形，掌状脉 5 条。花单生叶腋，黄色。蒴果下部扁球形，上部具粗壮的喙。

分布： 逸为野生，见于晋安、厦门等地。缠绕于乔木、灌木或其他物体上。

其他： 栽培供观赏。

翼叶山牵牛

翼叶山牵牛攀援状

凌霄

Campsis grandiflora

攀援： 以茎搭靠或气生根吸附的方式攀援。

辨识： 茎具少数气根或有时无气根。奇数羽状复叶，小叶 7~9（11）片，小叶卵形至卵状披针形。花外部橙红色，内面红色，漏斗状钟形。蒴果柱状。

分布： 见于南靖、延平、永安等地。搭靠于乔木、灌木或其他物体上，或攀附于岩石、墙壁上。

其他： 栽培供观赏。

凌霄花

凌霄

猫爪藤

Dolichandra unguis-cati

攀援： 以顶端特化为钩状的卷须攀援。

辨识： 卷须与叶对生，顶端三分裂成钩状。叶对生，小叶 2 片，稀 1 片。花单生或组成圆锥花序；花冠钟状至漏斗状，黄色；雄蕊 4 枚，两两成对。蒴果长线形，扁平。

分布： 逸为野生，见于晋安、厦门等地。攀援于乔木树干、树冠或石壁上。

其他： 栽培供观赏。

猫爪藤

猫爪藤果

猫爪藤钩状卷须

猫爪藤叶正面

苦郎树

Clerodendrum inerme

攀援：以茎搭靠的方式攀援。

辨识：小枝四棱形。叶对生，椭圆形或卵形。花 3~7 朵排成腋生或间有顶生的聚伞花序，花白色，花冠管内面密生白色柔毛。核果倒卵形或近球形。

分布：见于厦门、晋安等地。生于沿海沙滩地。

其他：本种为我国南方沿海防沙造林树种之一。木材可制火柴杆。根入药，有清热解毒、散瘀除湿、舒筋活络之效；枝叶功能与根同，但有毒，内服慎用。

苦郎树

苦郎树叶正面

苦郎树花

苦郎树果

小花金钱豹

Campanumoea javanica subsp. *japonica*

攀援：以茎缠绕的方式攀援。

辨识：主根长圆柱形或圆锥形。茎多分枝。叶对生，卵状心形。花单生叶腋，白色，内面有紫色条纹。浆果近扁球形。

分布：全省习见。缠绕于乔木、灌木或其他物体上。

其他：根药用，有补脾润肺、生津通乳之效。

小花金钱豹

小花金钱豹攀援状

小花金钱豹花

小花金钱豹果

菊科

Asteraceae

羊乳

Codonopsis lanceolata

攀援：以茎缠绕的方式攀援。

辨识：植株含白色乳汁。根纺锤形。叶互生，在分枝顶端常 2~4 片对生或近轮生。花单生或成对着生枝顶，花冠阔钟状。蒴果，宿存花萼喙状。

分布：全省习见。缠绕于乔木、灌木或其他物体上。

其他：根有益气、催乳、排脓、解毒的功效。可盆栽观赏。

羊乳

羊乳攀援状

羊乳花

羊乳果

东风草

Blumea megacephala

攀援：以茎搭靠的方式攀援。

辨识：茎多分枝。叶卵形、卵状长圆形或长椭圆形。头状花序较大，疏散；花黄色，雌花多数，细管状。瘦果有棱 10 条，冠毛白色。

分布：全省习见。搭靠在灌木或其他物体上。

东风草

东风草花

东风草果

微甘菊

Mikania micrantha

攀援： 以茎搭靠的方式攀援。

辨识： 茎管状，具棱。叶淡绿色，卵心形或戟形，全缘至粗波状齿。头状花序小，花冠白色。

分布： 见于晋安、泉港、厦门等地。搭靠在乔木、灌木或其他物体上。

其他： 该种已被列为世界上最有害的100种外来入侵物种之一。

微甘菊

微甘菊攀援状

微甘菊叶背面

千里光

Senecio scandens

攀援： 以茎搭靠的方式攀援。

辨识： 茎曲折。叶长三角形、卵状披针形至卵形。头状花序多数；舌状花8~10个，舌片黄色；管状花多数，黄色。

分布： 全省习见。搭靠在灌木或其他物体上。

其他： 全草入药，具清热解毒、凉血消肿、清肝明目之效，主治上呼吸道感染、痢疾、肠炎、疖肿、过敏性皮炎等症。

千里光

千里光花

千里光果

毒根斑鸠菊

Vernonia cumingiana

毒根斑鸠菊

攀援：以茎搭靠的方式攀援。

辨识：枝具条纹，被锈色或灰褐色密茸毛。叶上面除脉被短毛外，其余无毛，下面疏被锈色短柔毛。头状花序较多数，花淡红色或淡红紫色。

分布：见于南靖、新罗、晋安等地。搭靠在乔木、灌木或其他物体上。

其他：干根及茎入药，治风湿痛、腰肌劳损、四肢麻痹等症；但根、茎有毒，用时应慎重。

毒根斑鸠菊叶背面

毒根斑鸠菊花

毒根斑鸠菊果

茄叶斑鸠菊

Vernonia solanifolia

茄叶斑鸠菊

攀援：以茎搭靠的方式攀援。

辨识：枝被黄褐色或淡黄色密茸毛。叶卵形或卵状长圆形；基部圆形或近心形，不等侧；下面密被茸毛。头状花序小，在枝顶排成圆锥花序式。

分布：见于芗城、漳平、晋安等地。搭靠在乔木、灌木或其他物体上。

其他：全草入药，治腹痛、肠炎、痧气等症。

茄叶斑鸠菊叶正面

茄叶斑鸠菊叶背面

茄叶斑鸠菊花

茄叶斑鸠菊果

忍冬科 Caprifoliaceae

淡红忍冬

Lonicera acuminata

攀援： 以茎缠绕的方式攀援。

辨识： 幼枝、叶柄和总花梗均被疏或密、通常卷曲的棕黄色糙毛或糙伏毛。叶薄革质，两面被疏或密的糙毛或上面中脉有棕黄色短糙伏毛，边缘有毛。花冠黄白色而有红晕，漏斗状，长约2厘米。果实蓝黑色。

分布： 见于三元、武夷山等地。常附于半阴灌丛上，或缠绕于小树上。

其他： 栽培供观赏。

淡红忍冬

淡红忍冬花

淡红忍冬果

无毛淡红忍冬

Lonicera acuminata var. *depilata*

攀援： 以茎缠绕的方式攀援。

辨识： 淡红忍冬（*L. acuminate*）之变种。与原种的区别在于植株几全无毛或叶柄被少数糙毛。叶卵状长圆形或椭圆形，下面常带粉绿色。总花梗通常较短，一般长约5毫米。

分布： 见于屏南、武夷山等地。常附于半阴灌丛上，或缠绕于小树上。

其他： 可栽培供观赏。

无毛淡红忍冬

无毛淡红忍冬叶背面

无毛淡红忍冬花

锈毛忍冬

Lonicera ferruginea

锈毛忍冬

攀援： 以茎缠绕的方式攀援。

辨识： 幼枝、叶两面、叶缘、叶柄、总花梗、花序轴、花梗、苞片、小苞片及花冠外面都密被开展或稍卷曲的长、短两种黄褐色糙毛，幼枝、叶柄及花序轴还有少数细腺毛。总花梗长约4毫米，苞片与萼齿几等长，狭条形。

分布： 全省习见。常附于半阴灌丛上，或缠绕于小树上。

其他： 可开发观赏。

锈毛忍冬花

锈毛忍冬叶背面和果

菰腺忍冬

Lonicera hypoglauca

攀援： 以茎缠绕的方式攀援。

辨识： 幼枝、叶两面、叶柄及总花梗均密被弯曲的淡黄褐色短柔毛，有时还有糙毛。叶厚纸质，下面被无柄或极短柄的黄色至橘红色蘑菇状腺体。花冠白色，有时有淡红晕，后变黄色，长3.5~4厘米。果熟时黑色，时有白粉。

分布： 全省习见。常附于半阴灌丛上，或缠绕于小树上。

其他： 花蕾供药用，常作为忍冬收购入药。可开发观赏。

菰腺忍冬

菰腺忍冬叶背面

菰腺忍冬花

菰腺忍冬果和叶正面

忍冬

Lonicera japonica

攀援： 以茎缠绕的方式攀援。

辨识： 叶纸质，全缘，有缘毛；枝上部叶，两面常密被短糙毛；枝下部叶，常无毛。花冠白色，后变黄色。果实圆形，熟时蓝黑色。

分布： 全省习见。常附于半阴灌丛上，或缠绕于小树上；亦多见栽培。

其他： 花有清热解毒、消炎退肿之效，对细菌性痢疾和各种化脓性疾病都有疗效。藤称忍冬藤，亦可药用。栽培供观赏。

忍冬

忍冬茎

忍冬叶正面

忍冬果

大花忍冬

Lonicera macrantha

攀援： 以茎缠绕的方式攀援。

辨识： 幼枝、叶柄和总花梗均密被开展的金黄色长糙毛和稠密的短糙毛，并散生短腺毛。小枝红褐色。叶对生，近革质，下面网脉隆起。双花腋生或成多节的伞房状花序，花冠白色，后变黄色。果实黑色。

分布： 见于周宁、上杭、武夷山等地。常附于半阴灌丛上，或缠绕于小树上。

其他： 可开发观赏。

大花忍冬

大花忍冬叶正面

大花忍冬叶背面

大花忍冬花

灰毡毛忍冬

Lonicera macranthoides

攀援：以茎缠绕的方式攀援。

辨识：幼枝被薄绒状短糙伏毛，偶有微腺毛。叶革质，下面灰白色或带黄色毡毛。双花常密集于小枝顶端排成圆锥花序，花冠白色，后变黄色。果实黑色，常有蓝白色粉。

分布：见于上杭、永安、建瓯等地。缠绕于乔木、灌木或其他物体上。

其他：可开发观赏。

灰毡毛忍冬

灰毡毛忍冬叶背面

短柄忍冬

Lonicera pampaninii

攀援：以茎缠绕的方式攀援。

辨识：幼枝和叶柄密被土黄色卷曲的短糙毛，后变紫褐色而无毛。叶薄革质，两面中脉被短糙毛，下面幼时常疏生短糙毛，边有疏缘毛，略背卷。总花梗极短或几无，苞片远较萼齿为长，有时呈叶状；花冠2~5厘米。果熟时蓝黑色或黑色。

分布：见于屏南、武夷山等地。常附于半阴灌丛上，或缠绕于小树上。

其他：可开发观赏。

短柄忍冬

短柄忍冬花

皱叶忍冬

Lonicera reticulata

攀援： 以茎缠绕的方式攀援。

辨识： 幼枝、叶柄和花序均密被由短糙毛组成的黄褐色或黄白色毡毛，叶革质，下面密被黄白色毡毛。双花腋生，花冠白色，后变黄色。果实蓝黑色。

分布： 见于武平、永安、延平、晋安等地。缠绕于乔木、灌木或其他物体上。

其他： 可开发观赏。

皱叶忍冬

皱叶忍冬叶正面

皱叶忍冬叶背面

皱叶忍冬花

皱叶忍冬果

细毡毛忍冬

Lonicera similis

攀援： 以茎缠绕的方式攀援。

辨识： 幼枝、叶柄和总花梗均被黄褐色开展的长糙毛或柔毛，并疏生腺毛，有时无毛。叶纸质，上面中脉初时有糙伏毛，后无毛；下面被灰白或灰黄色细毡毛。花冠先白后变淡黄色。果实蓝黑色。

分布： 见于延平等地。常附于半阴灌丛上，或缠绕于小树上。

其他： 可开发观赏。

细毡毛忍冬

细毡毛忍冬叶背面

细毡毛忍冬花

刚毛白簕

Eleutherococcus setosus

攀援：以茎搭靠的方式攀援。

辨识：小枝具扁刺。叶有小叶 5 片，上面脉上刚毛较多，边缘的锯齿有长刚毛。伞形花序常单生。果实扁球形，熟时黑色。

分布：见于南靖、晋安、武夷山等地。攀援于林下或林缘湿地。

其他：民间常用草药，根有祛风除湿、舒筋活血、消肿解毒之效。

刚毛白簕

刚毛白簕花序和刺

白簕

Eleutherococcus trifoliatus

攀援：以茎搭靠的方式攀援。

辨识：小枝具扁刺。叶有小叶 3 片，纸质，无毛，椭圆状卵形至椭圆状长圆形。伞形花序常 3~10 个组成顶生复伞形花序或圆锥花序，花黄绿色。果实扁球形，熟时黑色。

分布：全省习见。攀援于路旁、林缘、灌丛等地。

其他：民间常用草药，根有祛风除湿、舒筋活血、消肿解毒之效。

白簕

白簕叶背面

白簕花序

白簕果序

常春藤

Hedera nepalensis var. *sinensis*

攀援： 以气生根吸附的方式攀援。

辨识： 叶片革质，三角状卵形或三角状长圆形，边缘全缘或 3 裂。伞形花序单个顶生，或 2~7 个总状排列或伞房状排列成圆锥花序；花淡黄白色或淡绿白色。果实球形，红色或黄色，具宿存花柱。

分布： 全省习见。攀援于林缘树上、房屋墙壁、岩石、路旁等。

其他： 应用于立体绿化或盆栽观赏。全株药用，有舒筋散风之效。茎叶含鞣制，可提制栲胶。

常春藤不育枝上的叶

常春藤

常春藤气生根

常春藤花序

常春藤果序

附　录

	其他有文献记载的福建野生藤本植物		
序号	科名	种名	攀援方式
1	鳞毛蕨科 Dryopteridaceae	网藤蕨 *Lomagramma sorbifolia*	吸附
2	五味子科 Schisandraceae	日本南五味子 *Kadsura japonica*	缠绕
3	五味子科 Schisandraceae	冷饭藤 *Kadsura oblongifolia*	缠绕
4	马兜铃科 Aristolochiaceae	福建马兜铃 *Aristolochia fujianensis*	缠绕
5	天南星科 Araceae	爬树龙 *Rhaphidophora decursiva*	吸附
6	薯蓣科 Dioscoreaceae	纤细薯蓣 *Dioscorea gracillima*	缠绕
7	薯蓣科 Dioscoreaceae	白薯莨 *Dioscorea hispida*	缠绕
8	薯蓣科 Dioscoreaceae	毛藤日本薯蓣 *Dioscorea japonica* var. *pilifera*	缠绕
9	薯蓣科 Dioscoreaceae	石山薯蓣 *Dioscorea menglaensis*	缠绕
10	薯蓣科 Dioscoreaceae	日本绵萆薢 *Dioscorea septemloba*	缠绕
11	菝葜科 Smilacaceae	合丝肖菝葜 *Heterosmilax gaudichaudiana*	卷曲
12	菝葜科 Smilacaceae	弯梗菝葜 *Smilax aberrans*	搭靠
13	菝葜科 Smilacaceae	红果菝葜 *Smilax polycolea*	卷曲
14	菝葜科 Smilacaceae	短梗菝葜 *Smilax scobinicaulis*	卷曲
15	菝葜科 Smilacaceae	华东菝葜 *Smilax sieboldii*	卷曲
16	棕榈科 Arecaceae	白藤 *Calamus tetradactylus*	搭靠
17	木通科 Lardizabalaceae	鹰爪枫 *Holboellia coriacea*	缠绕
18	木通科 Lardizabalaceae	西南野木瓜 *Stauntonia cavalerieana*	缠绕
19	防己科 Menispermaceae	青牛胆 *Tinospora sagittata*	缠绕
20	毛茛科 Ranunculaceae	舟柄铁线莲 *Clematis dilatata*	缠绕
21	毛茛科 Ranunculaceae	扬子铁线莲 *Clematis puberula* var. *ganpiniana*	缠绕
22	清风藤科 Sabiaceae	簇花清风藤 *Sabia fasciculata*	搭靠
23	清风藤科 Sabiaceae	中华清风藤 *Sabia japonica* var. *sinensis*	缠绕
24	葡萄科 Vitaceae	蓝果蛇葡萄 *Ampelopsis bodinieri*	卷曲
25	葡萄科 Vitaceae	异叶蛇葡萄 *Ampelopsis glandulosa* var. *heterophylla*	卷曲
26	葡萄科 Vitaceae	白蔹 *Ampelopsis japonica*	卷曲

续表

序号	科名	种名	攀援方式
27	葡萄科 Vitaceae	翅茎白粉藤 *Cissus hexangularis*	卷曲
28	葡萄科 Vitaceae	白粉藤 *Cissus repens*	卷曲
29	葡萄科 Vitaceae	毛枝牛果藤 *Nekemias rubifolia*	卷曲
30	葡萄科 Vitaceae	山葡萄 *Vitis amurensis*	卷曲
31	葡萄科 Vitaceae	小果葡萄 *Vitis balanseana*	卷曲
32	葡萄科 Vitaceae	菱叶葡萄 *Vitis hancockii*	卷曲
33	葡萄科 Vitaceae	俞藤 *Yua thomsonii*	卷曲
34	豆科 Fabaceae	相思子 *Abrus precatorius*	缠绕
35	豆科 Fabaceae	苏木 *Biancaea sappan*	搭靠
36	豆科 Fabaceae	峨眉鸡血藤 *Callerya nitida* var. *minor*	缠绕
37	豆科 Fabaceae	囊托首冠藤 *Cheniella touranensis*	卷曲
38	豆科 Fabaceae	边荚鱼藤 *Derris marginata*	缠绕
39	豆科 Fabaceae	鱼藤 *Derris trifoliata*	缠绕
40	豆科 Fabaceae	小鸡藤 *Dumasia forrestii*	缠绕
41	豆科 Fabaceae	柔毛山黑豆 *Dumasia villosa*	缠绕
42	豆科 Fabaceae	长毛野扁豆 *Dunbaria crinita*	缠绕
43	豆科 Fabaceae	琉球乳豆 *Galactia tashiroi*	缠绕
44	豆科 Fabaceae	短绒野大豆 *Glycine tomentella*	缠绕
45	豆科 Fabaceae	喙荚鹰叶刺 *Guilandina minax*	搭靠
46	豆科 Fabaceae	海滨山黧豆 *Lathyrus maritimus*	卷曲
47	豆科 Fabaceae	大翼豆 *Macroptilium lathyroides*	缠绕
48	豆科 Fabaceae	华南小叶崖豆 *Millettia pulchra* var. *chinensis*	搭靠
49	豆科 Fabaceae	闽油麻藤 *Mucuna cyclocarpa*	缠绕
50	豆科 Fabaceae	褶皮油麻藤 *Mucuna lamellata*	缠绕
51	豆科 Fabaceae	假含羞草 *Neptunia plena*	搭靠
52	豆科 Fabaceae	小鹿霍 *Rhynchosia minima*	缠绕
53	豆科 Fabaceae	东方儿茶 *Senegalia orientalis*	搭靠
54	豆科 Fabaceae	密花豆 *Spatholobus suberectus*	搭靠

续表

序号	科名	种名	攀援方式
55	豆科 Fabaceae	牯岭野豌豆 *Vicia kulingana*	卷曲
56	豆科 Fabaceae	窄叶野豌豆 *Vicia sativa* subsp. *nigra*	卷曲
57	豆科 Fabaceae	三裂叶豇豆 *Vigna trilobata*	缠绕
58	蔷薇科 Rosaceae	广东蔷薇 *Rosa kwangtungensis*	搭靠
59	蔷薇科 Rosaceae	毛叶广东蔷薇 *Rosa kwangtungensis* var. *mollis*	搭靠
60	蔷薇科 Rosaceae	重瓣金樱子 *Rosa laevigata* f. *semiplena*	搭靠
61	蔷薇科 Rosaceae	悬钩子蔷薇 *Rosa rubus*	搭靠
62	蔷薇科 Rosaceae	钝叶蔷薇 *Rosa sertata*	搭靠
63	蔷薇科 Rosaceae	大红泡 *Rubus eustephanos*	搭靠
64	蔷薇科 Rosaceae	攀枝莓 *Rubus flagelliflorus*	搭靠
65	蔷薇科 Rosaceae	脱毛弓茎悬钩子 *Rubus flosculosus* var. *etomentosus*	搭靠
66	蔷薇科 Rosaceae	中南悬钩子 *Rubus grayanus*	搭靠
67	蔷薇科 Rosaceae	三裂中南悬钩子 *Rubus grayanus* var. *trilobatus*	搭靠
68	蔷薇科 Rosaceae	华南悬钩子 *Rubus hanceanus*	搭靠
69	蔷薇科 Rosaceae	乌泡子 *Rubus parkeri*	搭靠
70	蔷薇科 Rosaceae	五叶红梅消 *Rubus parvifolius* var. *toapiensis*	搭靠
71	蔷薇科 Rosaceae	黄藨 *Rubus pectinellus*	搭靠
72	蔷薇科 Rosaceae	香莓 *Rubus pungens* var. *oldhamii*	搭靠
73	蔷薇科 Rosaceae	钝齿悬钩子 *Rubus raopingensis* var. *obtusidentatus*	搭靠
74	蔷薇科 Rosaceae	灰白毛莓 *Rubus tephrodes*	搭靠
75	鼠李科 Rhamnaceae	矩叶勾儿茶 *Berchemia floribunda* var. *oblongifolia*	搭靠
76	鼠李科 Rhamnaceae	大叶勾儿茶 *Berchemia huana*	搭靠
77	鼠李科 Rhamnaceae	光枝勾儿茶 *Berchemia polyphylla* var. *leioclada*	搭靠
78	鼠李科 Rhamnaceae	毛咀签 *Gouania javanica*	卷曲
79	鼠李科 Rhamnaceae	毛叶雀梅藤 *Sageretia thea* var. *tomentosa*	搭靠
80	桑科 Moraceae	毛柘藤 *Maclura pubescens*	搭靠
81	葫芦科 Cucurbitaceae	光叶绞股蓝 *Gynostemma laxum*	卷曲
82	葫芦科 Cucurbitaceae	浙江雪胆 *Hemsleya zhejiangensis*	卷曲

序号	科名	种名	攀援方式
83	葫芦科 Cucurbitaceae	爪哇帽儿瓜 *Mukia javanica*	卷曲
84	葫芦科 Cucurbitaceae	翅子罗汉果 *Siraitia siamensis*	卷曲
85	卫矛科 Celastraceae	苦皮藤 *Celastrus angulatus*	缠绕
86	卫矛科 Celastraceae	灯油藤 *Celastrus paniculatus*	缠绕
87	卫矛科 Celastraceae	东南南蛇藤 *Celastrus punctatus*	缠绕
88	西番莲科 Passifloraceae	广东西番莲 *Passiflora kwangtungensis*	卷曲
89	使君子科 Combretaceae	石风车子 *Combretum wallichii*	搭靠
90	芸香科 Rutaceae	毛叶两面针 *Zanthoxylum nitidum* var. *tomentosum*	搭靠
91	石竹科 Caryophyllaceae	狗筋蔓 *Silene baccifera*	缠绕
92	猕猴桃科 Actinidiaceae	紫果猕猴桃 *Actinidia arguta* var. *purpurea*	缠绕
93	猕猴桃科 Actinidiaceae	京梨猕猴桃 *Actinidia callosa* var. *henryi*	缠绕
94	猕猴桃科 Actinidiaceae	毛叶硬齿猕猴桃 *Actinidia callosa* var. *strigillosa*	缠绕
95	猕猴桃科 Actinidiaceae	灰毛猕猴桃 *Actinidia fulvicoma* var. *cinerascens*	缠绕
96	猕猴桃科 Actinidiaceae	厚叶猕猴桃 *Actinidia fulvicoma* var. *pachyphylla*	缠绕
97	猕猴桃科 Actinidiaceae	对萼猕猴桃 *Actinidia valvata*	缠绕
98	茜草科 Rubiaceae	浙南茜草 *Rubia austrozhejiangensis*	搭靠
99	夹竹桃科 Apocynaceae	祛风藤 *Biondia microcentra*	缠绕
100	夹竹桃科 Apocynaceae	毛白前 *Cynanchum mooreanum*	缠绕
101	夹竹桃科 Apocynaceae	灵山醉魂藤 *Heterostemma tsoongii*	缠绕
102	夹竹桃科 Apocynaceae	腰骨藤 *Ichnocarpus frutescens*	缠绕
103	夹竹桃科 Apocynaceae	少花腰骨藤 *Ichnocarpus jacquetii*	缠绕
104	夹竹桃科 Apocynaceae	台湾山橙 *Melodinus angustifolius*	搭靠
105	夹竹桃科 Apocynaceae	海南同心结 *Parsonsia alboflavescens*	缠绕
106	夹竹桃科 Apocynaceae	毛弓果藤 *Toxocarpus villosus*	缠绕
107	夹竹桃科 Apocynaceae	短柱弓果藤 *Toxocarpus villosus* var. *brevistylis*	缠绕
108	夹竹桃科 Apocynaceae	光叶娃儿藤 *Tylophora brownii*	缠绕
109	夹竹桃科 Apocynaceae	紫花娃儿藤 *Tylophora henryi*	缠绕
110	夹竹桃科 Apocynaceae	人参娃儿藤 *Tylophora kerrii*	缠绕

续表

序号	科名	种名	攀援方式
111	旋花科 Convolvulaceae	飞蛾藤 *Dinetus racemosus*	缠绕
112	旋花科 Convolvulaceae	指叶萼龙藤 *Distimake quinatus*	缠绕
113	旋花科 Convolvulaceae	齿萼薯 *Ipomoea fimbriosepala*	缠绕
114	旋花科 Convolvulaceae	假厚藤 *Ipomoea imperati*	搭靠
115	旋花科 Convolvulaceae	七爪龙 *Ipomoea mauritiana*	缠绕
116	旋花科 Convolvulaceae	裂叶鳞蕊藤 *Lepistemon lobatus*	缠绕
117	旋花科 Convolvulaceae	地旋花 *Xenostegia tridentata*	缠绕
118	茄科 Solanaceae	心叶单花红丝线 *Lycianthes lysimachioides* var. *cordifolia*	搭靠
119	唇形科 Lamiaceae	全缘叶紫珠 *Callicarpa integerrima*	搭靠
120	菊科 Asteraceae	平卧菊三七 *Gynura procumbens*	搭靠
121	菊科 Asteraceae	台湾斑鸠菊 *Vernonia gratiosa*	搭靠
122	菊科 Asteraceae	麻叶蟛蜞菊 *Wedelia urticifolia*	搭靠
123	菊科 Asteraceae	孪花菊 *Wollastonia biflora*	搭靠
124	忍冬科 Caprifoliaceae	异毛忍冬 *Lonicera macrantha* var. *heterotricha*	缠绕
125	忍冬科 Caprifoliaceae	无毛忍冬 *Lonicera omissa*	缠绕